中国皇家名园

人居环境编委会　编著

中国大百科全书出版社

图书在版编目（CIP）数据

中国皇家名园 / 人居环境编委会编著 . -- 北京 ：
中国大百科全书出版社，2025. 1. --（人居环境）.
ISBN 978-7-5202-1700-2

Ⅰ. TU986.62-49

中国国家版本馆 CIP 数据核字第 2025QJ2929

总 策 划：刘　杭　郭继艳
策划编辑：张志芳
责任编辑：张志芳
责任校对：闵　娇
责任印制：王亚青
出版发行：中国大百科全书出版社有限公司
地　　址：北京市西城区阜成门北大街 17 号
邮政编码：100037
电　　话：010-88390811
网　　址：http://www.ecph.com.cn
印　　刷：唐山富达印务有限公司
开　　本：710mm×1000mm　1/16
印　　张：10
字　　数：100 千字
版　　次：2025 年 1 月第 1 版
印　　次：2025 年 1 月第 1 次印刷
书　　号：ISBN 978-7-5202-1700-2
定　　价：48.00 元

—— 总 序

这是一套面向大众、根植于《中国大百科全书》第三版（以下简称百科三版）的百科通俗读物。

百科全书是概要记述人类一切门类知识或某一门类知识的完备的工具书。它的主要作用是供人们随时查检需要的知识和事实资料，还具有扩大读者知识视野和帮助人们系统求知的教育作用，常被誉为"没有围墙的大学"。简而言之，它是回答问题的书，是扩展知识的书。

中国大百科全书出版社从 1978 年起，陆续编纂出版了《中国大百科全书》第一版、第二版和第三版。这是我国科学文化建设的一项重要基础性、标志性、创新性工程，是在百年未有之大变局和中华民族伟大复兴全局的大背景下，提升我国文化软实力、提高中华文化国际影响力的一项重要举措，具有重大的现实意义和深远的历史意义。

百科三版的编纂工作经国务院立项，得到国家各有关部门、全国科学文化研究机构、学术团体、高等院校的大力支持，专家、学者 5 万余人参与编纂，代表了各学科最高的专业水平。专家、作者和编辑人员殚精竭虑，按照习近平总书记的要求，努力将百科三版建设成有中国特色、有国际影响力的权威知识宝库。截至 2023 年底，百科三版通过网站（www.zgbk.com）发布了 50 余万个网络版条目，并陆续出版了一批纸质版学科卷百科全书，将中国的百科全书事业推向了一个新的高度。

重文修武，耕读传家，是我们中国人悠久的文化传承。作为出版人，我们以传播科学文化知识为己任，希望通过出版更多优秀的出版物来落实总书记的要求——推动文化繁荣、建设中华民族现代文明，努力建设中国式现代化强国。

为了更好地向大众普及科学文化知识，我们从《中国大百科全书》第三版中选取一些条目，通过"人居环境""科学通识""地球知识""工艺美术""动物百科""植物百科""渔猎文明""交通百科"等主题结集成册，精心策划了这套大众版图书。其中每一个主题包含不同数量的分册，不仅保持条目的科学性、知识性、准确性、严谨性，而且具备趣味性、可读性，语言风格和内容深度上更适合非专业读者，希望读者在领略丰富多彩的各领域知识之时，也能了解到书中展示的科学的知识体系。

衷心希望广大读者喜爱这套丛书，并敬请对书中不足之处给予批评指正！

《中国大百科全书》编辑部

"人居环境"丛书序

　　人居环境科学理论与实践是中国改革开放 40 周年的标志性成果之一。1993 年，吴良镛、周干峙与林志群在中国科学院技术科学部大会上提出建立"人居环境学"设想，将其作为一种以人与自然协调为中心、以居住环境为研究对象的新的学科群。2012 年，吴良镛获得 2011 年度国家最高科技奖，国家最高科学技术奖评审委员会评审意见认为："吴良镛院士是我国人居环境科学的创建者。他建立了以人居环境建设为核心的空间规划设计方法和实践模式，为实现有序空间和宜居环境的目标提供理论框架。"这意味着人居环境科学已得到学界的认可。

　　人居环境科学是涉及人居环境有关的多学科交叉的开放的学科群组。人居环境科学强调"建筑—城乡规划—风景园林"三位一体，作为人居环境科学的核心，地理学、生态学、环境科学、遥感与信息系统等是与人居环境科学关系密切的外围学科，以上这些学科共同构成了开放的人居环境科学学科体系。可见，人居环境科学的融合与发展离不开运用多种学科的成果，特别要借重各自的相邻学科的渗透和展拓，来创造性地解决复杂的实践中的问题。

　　人居环境是人居环境科学理论与实践的研究对象，其建设意义重大。党的二十大报告将"城乡人居环境明显改善"列入全面建设社会主义现代化国家未来五年的主要目标任务。这充分体现了城乡人居环境建设在党和国家事业发展全局中的重要地位。为此，依托《中国大百科全书》

第三版人居环境科学（含建筑学、风景园林学、城乡规划学）、土木工程、中国地理、作物学等学科内容，编委会策划了"人居环境"丛书，含《中国皇家名园》《中国私家名园》《古建》《古城》《园林》《名桥》《山水田园》《亭台楼阁》《雕梁画作》《植物景观》十册。在其内容选取上，采取"点"与"面"相结合的方式，并注重"古与今""中与西"纵横两个维度，读者可从其中领略人居环境中蕴藏的文化瑰宝。

希望这套丛书能够让更多的读者进一步探索人居环境科学理论与实践体系！

人居环境丛书编委会

—— 本书序

　　皇家园林是历朝历代由皇室兴造专供帝后游幸居住，具有园林特征的离宫别苑的概括代称。

　　在历史上，习惯用囿、苑、园、离宫、御园，以及上林、御花园等名称。皇家园林是中国园林学科分类的专用名词，出现在近现代园林专著中，与私家园林、寺庙园林、风景名胜园林等并列，被广泛引用。

　　中国皇家园林大都毁于朝代更替时的战火，或荒废于都城迁变之时，明清以前的完整实物已很难见到，唯有以山水构架的御苑，从山水地貌上还可以依稀辨认原有的自然风貌，或者在发掘的殿堂台基的残址上想见当时宏大辉煌的建筑规模。至于苑中的珍禽异兽、奇花异草、观赏池鱼，以及宏富的陈设收藏，只有从历史文献中才能窥其一斑。其中，自汉代以来有关皇家园林的文学描写最令人神往，如司马相如的《上林赋》、扬雄的《羽猎赋》，不但形象地勾画出皇家园林的无比宏丽，而且描绘了帝王在苑囿中极为奢华的宴游活动场面，这些不但为我们解读古代皇家园林留下了丰富的信息和依据，而且为汉代以后帝王造园勾画出可供遵循的范本。直至最后一座皇家园林——清代的颐和园中的景物还能溯源到汉代御苑中的建构，这正是皇家园林区别其他属性的古代园林的重要特征。

　　历代发生在皇家园林中的历史事件和故事证明，中国皇家园林既是封建社会太平盛世的标志，又是王朝末代衰亡的见证。饱含历史沧桑的皇家园林，除却给我们以历史特殊视觉的启示以外，由于它的兴造可以动用和聚敛全国的财力、人力、智力和物力，同时又不受权势的制约和逾制僭越的忌讳，所以皇家园林不但动辄有跨山连谷、绵亘数十里至百里之遥的规模，而且在规划布局、建筑造景、占有山水自然和融合吸收全国园林建筑景观精华诸方面，更具有皇家钦工的绝对优势。因此，一代代、一座座广袤的园林艺术精品出现，又一代代、一座座消失在历史的沧桑变化之中。"吴宫花草埋幽径，晋代衣冠成古丘"，千年之前，就有这样的悲叹。

皇家园林是中国古代园林中一个钤上皇家印记的特殊品类，也是皇家文化的重要组成部分，它的兴衰荣辱，紧扣朝代的兴亡命祚，与政治（含军事）、经济、文化的发展变化息息相关。园林作为一种文化现象，它的营造，除了政治经济基础的支撑以外，文化的积累沉淀更为重要，所谓盛世兴园林，正是文化走进繁荣的一个明显标志。园林文化是立体、直观、生动、综合的物化空间，是能置身其中，体验参与的实体多元文化形态。皇家园林往往能够折射一个朝代的文化峰值，它既是时代文化的产物，也是一个时代文化的标志。

目 录

第3章 皇家名园中建筑类型 143

第1章

源远流长

皇家园林的发展历史

◆ 先秦时期

被划入中国皇家园林范畴内的"囿",出现于公元前 11 世纪的殷周时代,是见于史籍文字记载最早的中国园林形态,在甲骨文中"囿"写作🔲,象形四周有围墙,中间植有树木,是供天子、诸侯蓄养禽兽狩猎行乐的场所。著名的囿有沙丘囿与灵囿。沙丘囿地处今河北省的广宗县境内,为殷商时期所建。据《史记·殷本纪》记载,是纣王酒池肉林发生的地方,也是后来战国时期赵武灵王为乱兵所困饿死和秦始皇于巡视途中病死的地方。灵囿为周文王所建,见于《诗经·大雅·灵台》,诗中有灵台、灵囿、灵沼的描绘,后世将其称为"三灵",从而推演出当时帝王园林的形态。而这种形态,与后世中国园林(包括皇家园林和其他类别的园林)的特质,具有相似的元素基因,便将"三灵"的集合出现视作中国园林的源头。并由此得出,有记载的中国园林具有三千多年的结论。

◆ 秦始皇时期

公元前 221 年，秦始皇统一中国，将天下 20 万户迁到都城洛阳，又将在统一战争中被灭掉的诸侯国的宫室拆迁到咸阳北坂。由于财力、物力和全国各地建筑技艺的高度集中，秦宫室兴建的规模空前庞大。仅咸阳宫一处，就有"东西八百里，南北四百里，离宫别馆，相望联属"的记载。皇家园林可见的最早记载是秦始皇建于渭水之南的上林苑。著名的阿房宫就建在上林苑内，历史记载阿房宫"东西五百步，南北五十丈，上可坐万人"，从中可以推想上林苑内的宏大规模。除上林苑之外，还有一座甘泉苑。秦朝灭亡后，这些宫苑被项羽烧毁，仅存在了十多年的时间。一千年后，唐代大诗人杜牧撰写的《阿房宫赋》中有"五步一楼，十步一阁；廊腰缦回，檐牙高啄；各抱地势，钩心斗角……长桥卧波，未云何龙？复道行空，不霁何虹"的描写。当时，阿房宫早已不存在，文中的景物是历代宫苑形象生动的概括，也是后世宫苑所追摹的境界。（注：经专家考证，杜牧所描述的阿房宫没有遗址证据，因此赋中的阿房宫历史上并不存在。）

◆ 两汉时期

汉代的皇家园林，突出的有汉武帝刘彻在秦代上林苑基础上扩建的上林苑。西汉初年，汉室袭用了秦的上林苑，自汉武帝建元三年（公元前 138）开始大肆扩建。史书记载，上林苑"广长三百里，苑内养百兽，天子春秋射猎苑中，取兽无数。其中离宫七十所，容千乘万骑"。由此可见，上林苑中不但具有供帝王射猎的囿的功能，同时拥有众多的宫室建筑，具备了供皇帝止宿游乐等多种用途。从宫观的名称里，也可以反映出使用功能。例如望远宫是登高的，宣曲宫和音乐有关，葡萄宫种植葡萄等。称作观的，如观象观、白鹿观、鱼鸟观应该和饲养动物观赏有关。茧观有明确的记载："上林苑有茧馆，盖蚕茧之观也。"

上林苑中还有许多称作池的水域，如昆明池、镐池、祀池、糜池、牛首池等。其中昆明池系人工开凿，方圆四十里，不但大，而且它的开凿还有一段故事。据说汉武帝曾在昆明池中教习水战，为攻打昆明国进行演练，才取名为昆明池。修建昆明池不单是为了军事目的，池上还有龙首船，宫女们在船中作乐歌唱，供帝后娱乐。昆明池东西两岸分别树立一尊石雕像，象征天河两岸的牵牛织女星。

规模巨大的上林苑中，还有一座规模宏阔的建章宫。这是一座宫城，是自成一体的苑中之苑。在建章宫以北，还有一个比昆明池晚建十年的太液池，从名称上可看出，这是一个碧波荡漾的宽广水域。太液池中，筑有高达二十丈的渐台，并在水中堆造蓬莱、方丈、瀛洲三座海上神山。这三座神山的出现，形成了后世皇家园林中被奉为经典、为历代仿效的一池三山皇家园林模式。

西汉上林苑，奠定了中国皇家园林的基本内容和形式。它本身存在约 100 年，西汉末年，王莽曾拆用了上林苑的建筑材料。后来汉光武帝刘秀迁都洛阳，这所规模空前绝后、功能齐备的宫苑就被废弃了。但"上林"二字常被用作皇家园林的代称出现在历代诗文之中。

东汉建都于本为西汉陪都的洛阳，原有的宫殿有了很大的发展，同时修筑了专供帝王游乐的苑囿。东汉科学家、文学家张衡在《东京赋》中有这样的描写："濯龙芳林，九谷八溪。芙蓉覆水，秋兰被涯，渚戏跃鱼，渊游龟蟹，永安离宫，脩竹冬青……"便是对东汉皇家园林的风情描绘。

值得注意的是，东汉永平十年（公元67），佛教传入中国。明帝刘庄第二年在洛阳建白马寺，为寺庙园林的出现创造了条件，也为后世皇家园林中不同宗派寺庙建筑的出现奠定了基础。

◆ 三国至南北朝时期

东汉以后建都洛阳的政权有三国时的曹魏、西晋、北魏，这些割据政权的帝室也都沿用东汉宫苑或营构新的苑囿。

三国至南北朝时期，割据南方、建都南京的政权有东吴、东晋、宋、齐、梁、陈六代，使南京呈现空前的繁华，有"六朝金粉"的说法。这些政权在广造宫殿的同时，也都营建了苑囿，如东吴的西苑、东晋的华林园等。刘宋时期，玄武湖中立起了方丈、蓬莱、瀛洲三座神山，后来又迁走了东晋的郊坛，在覆舟山建乐游苑。齐建芳林苑、玄圃。苑中山石都涂上了五彩颜色，可见奢华。梁在齐东宫的基址上凿九曲池，立亭馆。陈为文皇后筑安德宫。隋灭陈以后，建康（南京旧称）城邑被犁为耕地。一个半世纪以后，唐代大诗人李白在凭吊这些宫苑的遗址时，写出了"吴官花草埋幽径，晋代衣冠成古丘"的名句。

同期在北方，如三国曹魏在邺都建铜爵园，铜雀台便在园中。在洛阳建芳林园，后改名华林园。这些园林后来被北朝皇室重修、增饰所沿用。北魏创立者拓跋珪在新大同附近，北依长城建鹿苑。

◆ 隋唐时期

隋唐均建都长安，以洛阳为陪都，称之为"东都"，隋唐时代的皇家园林都建于长安和洛阳一带。

隋是只有 38 年历史的短促王朝。隋炀帝杨广在大业元年（605）于洛阳城西营建了规模宏大的西苑，周围达 200 里。苑内为海，海上建方丈、蓬莱、瀛洲三岛，高百余尺。苑内还以东南西北中方位布置迎阳、翠光、金明、洁水、广明 5 个湖泊，并用龙鳞渠迂回沟通，网络成一个周流完整的水系。渠宽 20 步，可以行使龙船凤舸。水系周边，分布 16 座宫院，蓄养美女，穷奢极欲。西苑的山水格局对后世皇家园林产生了影响，清代圆明园的水系处理与其极为相似。

唐代作为中国封建社会的鼎盛时期，在都城长安的宫苑规模中也体现了出来。唐代的三大内（即大明宫、太极宫、兴庆宫）都是宫和苑相糅合的建筑群。大明宫内有以太液池为中心的园林区，太液池中心堆有蓬莱山，沿池筑有回廊，串联着楼台亭阁。太极宫袭用隋代的大兴宫，内有四大海，分布在宫殿之间，是唐初大明宫、兴庆宫没有兴建以前帝王主要的活动和游幸场所。兴庆宫的园林成分更多，园林区占有一半，并以牡丹花闻名于长安。李白写《清平调三首》触犯杨贵妃的故事就发生在这里。"沉香亭北倚阑干"中的沉香亭在兴庆宫内龙池之畔。除三大内外，唐代还有几处禁苑，其中最大一处在大明宫西侧，占地东西可达 13 里。

唐代皇家园林还有两处，一个是曲江之畔的芙蓉园，另一个是临潼骊山的骊宫（华清宫）。芙蓉园是盛唐时期所兴建的一处离宫性质的别苑。为方便皇室游幸，沿南北城墙内侧增建夹道，以备车马仪仗来往兴庆宫大内宫室之间。华清宫是长生殿故事发生的地方，宫内的华清池是一处温泉，曾吸引过周幽王以来的许多帝王。唐代的华清宫即可避暑，又可消寒。

◆ **宋代**

北宋建都开封（汴梁），时称东京。有宫城、内城、外城之设。皇家园林除大内御苑外，在外城墙外各建了一座行宫御苑：琼林苑（西）、玉津园（南）、宜春苑（东）、含芳园（北），号称"东京四苑"。有绘画作品《金明池争标图》流传至今的金明池处于外城西部顺天门外北侧，隔街与南侧琼林苑相对。四苑皆建于北宋之初，而后期在内城东北角所兴建的艮岳却是宋代动静最大、影响最深、能创新宫廷造园艺术高端趣旨的一座皇家园林。它从兴建到被毁不足 20 年，却对后世皇家园林产生重大影响。至今专家学者仍以"具有划时代的意义"评价其在中国园林史上的地位。

南宋建都临安（今浙江杭州），得凤凰山、西湖自然山水之胜，历 150 载。皇室除建皇宫后苑外，于天竺山下建下竺御苑，于西湖畔建聚景园，又于宫城之东建富景园。理宗赵昀在位时（1224～1264）还将抗金名将刘光世的私园扩建成皇家御苑，名玉壶园。

◆ **元明清**

元明清三代政权，均建都北京。北京是皇家园林实物保存最多的古都。元大都北京城市中轴线是根据始建于金代的北京琼华岛作为基准而确定的，这条中轴线经明清发展沿用，一直为当代北京城市规划所遵循。可以说，作为皇家园林的北海琼华岛，可视作北京城的原生点和内核。北海琼华岛已有 850 多年历史，历代改建修葺，定型于清代，是世界上保存至今历史最为悠久的皇城御苑。

明代建紫禁城时，包括北海在内的三海，统称西苑，平行于紫禁城西侧，隔街相对，形成大内皇家园林的模式。紫禁城正北的景山，基址原为元代宫城的后苑，是中轴线的制高点。

清代是皇室造园较多、遗存实物最多的中国最后一个封建王朝，其行文中将其所建的皇家园林称为"国朝苑囿"。清代康乾盛世是皇家园林兴建的高峰期，突出的有三山五园和承德避暑山庄。三山五园在北京西北郊，利用自然山水地貌所形成。其中畅春园是康熙时期在明代清华园的基础上改建。圆明园是雍正皇子时期的赐园，登位后，扩建而成，至乾隆九年（1744）形成圆明园四十景，并拓建长春园、万春园，形成圆明三园一体的格局。香山静宜园和玉泉山静明园在金代皇室即有所开发，均完成于清代乾隆（1736～1795）年间，有静宜二十八景和静明十六景的规模。取名多为山地自然景观。万寿山清漪园，为三山五园中最后兴建的一座。由万寿山、昆明湖组成，山水并重，尤以浩渺的水景突出。不但弥补了三山五园中宏阔水面的缺憾，而且地处已建成四园的中心，将三山五园呼应联络成一气。避暑山庄是康熙时在热河（今河北承德）兴建的一座典型的离宫御苑，规模宏大，内有康熙三十六景和乾隆三十六景的布局，苑外还分布着八座寺庙，因"园林设计与独特的自然环境完美融合……其景观设计在18世纪具有世界范围的影响力"在1994年被列入世界文化遗产。三山五园均在1860年遭英法联军焚劫，其中清漪园经光绪时慈禧复建，改名颐和园。颐和园不但是清代皇家造园的终结，随着封建帝制覆灭，也成为中国皇家园林兴建的绝响。1998

年，颐和园以"以颐和园为代表的中国皇家园林，是世界几大文明之一的有力象征"的高度评价被列入世界遗产名录。

皇家园林的形式

囿

和苑同为中国最早的同一类型的皇家园林形式，供帝王贵族狩猎、游乐之用。通常选定在一定地域后划出范围，或筑界垣，蓄养禽兽，设专人管理，除了天然草木自然滋生外，也种植树木、经营果蔬。（《大戴礼·夏小正》载："囿，有韭囿也。……囿有见杏。"）另夯土筑台，掘池蓄水。帝王在狩猎的同时，可以欣赏自然风景，赏心悦目。

囿最早的文字记载在殷商代纣王时（公元前 11 世纪）。《孟子·滕文公》记载："圣人之道衰，暴君代作，坏宫室以为污池，民无所安息；弃田以为园囿……园囿污池沛泽多而禽兽至。"继之，周文王也筑有囿。《孟子·梁惠王》："文王之囿七十里，刍荛者往焉。"《诗经·大雅·灵台》篇，记有灵囿的经营及对囿的描述"经始灵台，经之营之。庶民攻之，不日成之。经始勿亟，庶民子来。王在灵囿，麀鹿攸伏；麀鹿濯濯，白鸟翯翯。王在灵沼，於牣鱼跃。"灵囿除了筑台挖沼及植果蔬外，全为自然景物。秦汉以后，除了在规模较大的宫苑中按先秦遗风辟有狩猎或蓄养禽兽的游乐场所（称兽圈或囿）外，已很少单独建囿。

据《诗经》和《孟子》记载，囿的位置在丰、镐附近。《三辅黄图》载："周灵囿……在长安县西四十二里。"《关中胜迹图志》载："周灵囿在长安县西四十里，跨鄠县（今陕西省西安市鄠邑区）境。"《左传》灵台注："周之故台，今鄠县东五里有酆宫，又东二十五里有灵囿，囿中有灵台。"唐李泰等著《括地志》载："沣水北经灵台西，文王又引水为辟雍灵沼，今悉无复处所，惟灵台孤立。按今灵台高二丈，周回百二十步。"但这些记载都仅有方向和里程，无确切地点，大致在今陕西省西安市长安区和鄠邑区东一带。

苑

　　苑和囿是中国最早的同一类型的皇家园林形式。苑作为皇家园林的类型，在中国园林史上占有重要的地位。

　　《史记·殷本纪》："（纣）厚赋税以实鹿台之钱，而盈钜桥之粟，益收狗马奇物，充仞宫室。益广沙丘苑台，多取野兽蜚鸟置其中。"苑和囿都是蓄养禽兽、狩猎游乐的场所，从功能看，苑即是囿，二者本意相通。

　　秦汉时期及以后，在囿的基础上发展起来，建有皇家宫室建筑的园林，又称宫苑。

　　大的苑广袤百里，拥有囿的传统内容，有天然植被，有野生或蓄养的飞禽走兽，供帝王射猎行乐。此外，在宫苑中还建有帝王居住、游乐、宴饮的离宫别馆。小的苑建在宫中供居

南宋时期聚景园（今柳浪闻莺）

住、游乐、宴饮、游赏，设有狩猎场所，如汉建章宫中的太液池，池中有三神山，可称内苑。

历代帝王不仅在都城内建宫苑，在郊外或其他地方也建有离宫别苑。有的宫苑设有处理朝政的宫殿，也称为行宫。著名的宫苑，汉有上林苑、建章宫；南北朝有华林苑、龙腾苑；隋有西苑；唐有兴庆宫、大明宫和九成宫等；北宋有艮岳；南宋有聚景园、南园等；明有西苑（即现今的北海、中海、南海）；清有圆明园、清漪园（后扩建为颐和园）和避暑山庄等。

离　宫

皇帝正宫以外的临时居住的宫室，如相传殷末帝王离宫别馆甚多，秦始皇灭六国后其宫室于咸阳，关中三百余里离宫别馆相望。汉、唐长安、洛阳亦多离宫。《汉书·枚乘传》就有"修治上林，杂以离宫"的记载。清代帝王亦有圆明园、颐和园、热河行宫（今承德避暑山庄）等。

第2章

融华夏精华，造园林艺术精品

河南皇家名园

濯龙苑

　　东汉洛阳城内最大的御苑。位于洛阳北宫后直抵城的北垣。濯龙苑与北宫形成"前宫后苑"的格局。园内建有濯龙殿、濯龙池。张衡《东都赋》曰："濯龙芳林，九谷八溪。芙蓉覆水，秋兰被涯。渚戏跃鱼，渊游龟蠵。"濯龙苑原为皇后闲暇时养蚕和娱乐之所，建有织室。《续汉志》载："（濯龙园）通北宫，明德马皇后置织室于园中。"汉桓帝时进行扩建修葺，园林景色益臻幽美，以水景取胜。汉李尤《德阳殿赋》云："德阳之比，斯曰濯龙。葡萄安石，蔓延蒙笼，橘柚含桃，甘果成丛。"南朝徐陵《洛阳道》诗云："濯龙望如雾，河桥渡似雷。"桓帝好乐，善吹笙，经常在园内举行演奏会，并建老子祠，岁时祭祀。《续汉志》载："祠老子于濯龙宫。"濯龙苑前宫后苑的"朝寝式"布局，适合于表现皇权的威严崇高，后此形式一直主导历代宫苑布局。

东汉·北宫西园

东汉洛阳城内御苑。位于河南省洛阳市北宫西南，城西承明门内御道以北，东连禁掖。西园以山景见长，园内堆筑假山，名曰少华山，"十里九坂，种奇树，育麋鹿麈，鸟兽百种"，假山上有楼馆等休憩建筑物，张衡《东京赋》中有"西登少华，亭候修敕"之句。《文选·东京赋·李注》曰："谓西园中有少华之山。"所谓"亭候修敕"，《周礼·地官·遗人》曰："市有候馆。"郑注曰："候馆，楼可以观望者也。"西园内水渠周流澄澈，可行舟，渠中多植莲，王嘉《拾遗记·后汉》载："灵帝初平三年（192）游于西园，……采绿苔而被阶，引渠水以绕砌，周流澄澈，乘船以游漾，……渠中植莲大如盖，长一丈，南国所献。其叶夜舒昼卷，一茎有四莲丛生，名曰夜舒荷。亦云月出则舒也，故曰望舒荷。"《后汉书·孝灵帝纪》载，灵帝"帝作列肆于后宫，使诸采女贩卖，更相盗窃争斗。帝著商估服，饮宴为乐。又于西园弄狗，著进贤冠，带绶"。西园中的"列肆"是最早关于皇家园林内"买卖街"的记载。尔后，代有因袭，如南朝华林园商肆，后赵仙都苑"贫儿村"，北宋艮岳"高阳酒肆"，以及清代皇家园林中的市井小街等。

华林园

魏晋南北朝时期洛阳皇家园林。位于河南省洛阳市洛阳故城北偏东。

东汉初，洛阳北宫以北地带为苑囿区，筑有芳林园，曹魏加以扩建，并更名为华林。《河南志·魏城阙古迹》载："华林园即汉芳林园。"

后西晋、北魏继之,踵事增华。在随后的东晋十六国时期,洛阳华林园成为皇家园林的最高象征,各地政权纷纷加以仿效,东晋、后赵分别在建康和邺城建造新的华林园。

◆ **曹魏时期**

汉延康元年(220)十月,魏文帝曹丕篡汉称帝,建立曹魏政权,以前朝芳林园(华林园)为御苑,后魏文帝、明帝两朝,均在园中堆叠土山、扩充水池、增饰楼殿、广植草木,景致远胜从前。

芳林园(华林园)西侧建三层大夏门,高达百尺。园西北部堆叠大型土山景阳山,山上种植各种树木和花草,并从太行山和谷城采集具有特殊形态、色泽的石头以作装饰。《三志·魏志·高堂隆传》载,景初元年(237)"(魏明帝)愈增崇宫殿,雕饰观阁,凿太行之石英,采谷城之文石,起景阳山于芳林之园,建昭阳殿于太极之北"。景阳山东侧有九条长溪,以圆坛分隔。扩充东南部大湖天渊池,池中建九华台,台上建九华殿。《三国志·魏书·文帝纪》载黄初五年(224)"穿天渊池",黄初七年(226)三月"筑九华台",开启了中国皇家园林水心殿的先河。天渊池之南设有专门的石制沟渠,可在宴集群臣时作曲水流觞之戏。《宋书·礼志》载:"魏明帝天渊池南,设流杯石沟,燕群臣。"此后,流杯渠成为历代园林所热衷的经典主题,甚至影响到日本、新罗和渤海国的宫苑。园中还建有茅茨堂等其他殿堂、台观、楼阁建筑,大多装饰精丽。园内西北堆山、东南辟池的手法是对中国自然地貌的抽象概括,也是秦汉"一池三山"之后皇家园林建造的新模式,标志着中国古典园林从模拟虚无缥缈的仙山逐步转向以现实中的自然风光为参照。

魏明帝驾崩后，其子齐王曹芳继位，为避讳将芳林园改称"华林园"，对此《三国志·魏书》裴松之有注："芳林园即今华林园，齐王芳即位，改为华林。"华林园在曹魏朝末期仍为皇帝临幸、宴集以及发布令旨的场所。《三国志·魏书·三少帝纪》载，魏元帝景元元年（260）六月己未"故汉献帝夫人节薨，帝临于华林园，使使持节追谥夫人为献穆皇后"。

◆ 西晋时期

曹魏咸熙二年（265）十二月，司马炎迫使魏元帝曹奂禅位，建立西晋王朝，仍定都于洛阳，保留了曹魏的宫殿、苑囿。

《太平御览》引《晋宫阁名》，称西晋洛阳华林园中有"芙蓉藏、崇光殿、华光殿、疏圃殿、九华殿"，下注"在五殿有华林圃"。又载："华林园有繁昌馆、建康馆、显昌馆、延祚馆、寿安馆、千禄馆。"《河南志·晋城阙古迹》记录西晋洛阳华林园"内有崇光、华光、疏圃、华德、九华五殿；繁昌、建康、显昌、延祚、寿安、千禄六馆。园内更有百果园，果别作一林，林各有一堂，如桃间堂、杏间堂之类"。五殿名称与《晋宫阁名》稍异。崇光、华光二殿始建于东汉，疏圃、九华二殿建于曹魏，芙蓉殿、华德殿和六馆为西晋新建。

晋武帝司马炎曾经在华林园中举行宴射活动，群臣赋诗，描绘了华林园中壮丽的风景。《晋书·应贞传》载："（晋武）帝于华林园宴射，贞赋诗最美。"西晋大臣丘冲《三月三日应诏诗》曰："蔼蔼华林，岩岩景阳。业业峻宇，奕奕飞梁。垂荫倒影，若沈若翔。浩浩白水，泛泛龙舟。皇在灵沼，百辟同游。击棹清歌，鼓枻行酬。闻乐咸和，具醉斯柔。"

晋惠帝登基后，贾后擅权，爆发"八王之乱"。永康元年（300），赵王司马伦在华林园中发动政变。《晋书·赵王伦传》记载："伦又矫诏开门夜入，陈兵道南，遣翊军校尉、齐王冏将三部司马百人，排阁而入。华林令骆休为内应，迎帝幸东堂。遂废贾后为庶人，幽之于建始殿。……于是伦请宗室会于华林园，召林、秀及王舆入，因收林，杀之，诛三族。""八王之乱"后西晋政局动荡，战乱四起。建兴四年（316）刘曜匈奴军攻破洛阳，"发掘诸陵，焚宫庙、官府皆尽"。洛阳城与晋室宫苑破坏严重，华林园同遭劫难。

◆ **北魏时期**

北魏太和十七年（493），孝文帝拓跋宏（元宏）迁都洛阳，重新以东汉、曹魏、西晋旧都为政治中心。

华林园历经西晋末年战乱，景阳山、天渊池和一些殿台建筑旧迹依然幸存。《魏书·郭祚传》载"高祖曾幸华林园，因观故景阳山"，令司空崔长文和将作大匠蒋少游重修华林园。《魏书·崔光传》载："光从祖弟长文，字景翰。……迁洛，拜司空参军事，营构华林园。"《魏书·蒋少游传》载："高祖修船乘，以其多有思力，除都水使者，迁前将军兼将作大匠，仍领水池湖泛戏舟楫之具，及华林殿沼修旧增新，改作金墉门楼，皆所措意，号为妍美。"此后历经诸帝扩建增修，华林园假山上下点缀楼观建筑，罗致奇石，种植花木，达到鼎盛。

北魏华林园保持了景阳山与天渊池相映的总体格局，局部又有很多新的创造。景阳山两侧的羲和岭与姮娥峰以及山上的温风室与露寒馆均东西相对，清暑殿两侧的临润亭与临危台也形成对称的关系。华林园自谷水引水，经大夏门入园，汇入东南部天渊池，将园内湖池连为一体，向东流入翟泉并与阳渠相通，另设石洞沟通地下，不但带来丰富的水景，同时还可以在发生干旱和洪涝灾害时保持不枯不漫。园中建筑数量增多，并以阁道连接，假山景致更为复杂。此外，园内如羲和岭、姮娥峰、蓬莱山、仙人馆、疏圃殿，以及所种的仙人枣、仙人桃都含有追摹仙境的意图，其表现手法不同于传统的"东海三仙山"模式，富有新意。

北魏孝文帝后的历代皇帝都经常临幸华林园，如《魏书·高祖纪》载，太和二十一年（497）八月"甲戌，讲武于华林园"。《魏书·孝庄纪》载，永安二年（529）七月庚午，敬宗孝庄帝元子攸"车驾入居华林园，升大夏门，大赦天下"。《魏书·前废帝纪》又载，普泰元年（531）四月癸卯，前废帝（列宗节闵帝）元恭"幸华林都亭燕射，班锡有差。太乐奏伎有倡优为愚痴者，帝以非雅戏，诏罢之"。

永熙三年（534），北魏分裂为东魏和西魏，洛阳成为废都，宫殿苑囿多在战争中遭到焚烧破坏。东魏武定五年（547）杨衒之因公务重返洛阳，见到的景象是"城郭崩毁，宫室倾覆，寺观灰烬，庙塔丘墟，墙被蒿艾，巷罗荆棘"，十分破败，此时的华林园应已被毁。

隋西苑

隋炀帝杨广（604～618年在位）的宫苑之一。位于河南省洛阳市洛河以北、纸山以南、谷水村以东的准矩形地域内。又称会通苑。

《大业杂记》载："大业元年夏五月筑西苑。"为便于帝后游园，"自大内开为御道直通西苑，夹道植长松高柳"。西苑建成以后，隋炀帝曾在其中接待国外使臣，且常于苑中林亭间盛陈酒馔、宴饮作乐，还喜欢在月夜从宫女数千骑游西苑，作《清夜游》曲。《大业杂记》中载："每秋八月，月明之曲数十首。"经隋末战乱，西苑内相当一部分离宫、亭馆、池渠不见诸文献记载，而如显仁宫、青城宫、冷泉宫、积翠宫、凌波宫等则延续到了唐代。

隋西苑是一座人工山水园，造山为海、为渠，以山水为境域。《隋书·地理志》记载："西苑周二百里，其内为海周十余里，为蓬莱、方丈、瀛洲诸山，高百余尺，台观殿阁，罗塔山上。海北有渠，萦纡注海，缘渠作十六院，门皆临渠，穷极华丽。"《隋书·食货志》载："课天下诸州，各贡草木花果、奇禽异兽于其中。开渠，引谷、洛水，自苑西入，而东注于洛。"西苑前为海，往北引水设屈曲周绕的龙鳞渠并复归入海的水系是全苑布局的骨干。海中有神山，山上有亭观，成为海的构图中心。在海北水渠屈曲围绕中辟出十六院，院门皆临渠，各院各有一组建筑庭园，形式不同，自成一体，是苑中之院。各院三面临水，跨飞桥，有园亭，有菜园、猪圈、鱼池。十六院各具特色，再加上其他游乐之处数十，使整个西苑景致有多样变化。十六院既是用水渠划分成区，又以水渠连属而成一整体。龙鳞渠是多样变化中贯穿的主线。隋西苑是秦汉建筑宫苑向完全以山水为主题的北宋山水宫苑演变的一个转折点。

神都苑

唐东都洛阳（今河南洛阳）宫苑，为隋西苑改建而成。又称东都苑、芳华苑。

《唐两京城坊考》载："唐之东都苑，隋之会通苑也。"武德初改芳华苑，武后曰神都苑。《旧唐书·地理志》载，神都苑"东抵宫城，西临九曲，北背邙阜，南距飞仙苑城东面十七里，南面三十九里，西面五十里，北面二十里，苑内离宫、亭、观一十四所。"神都苑面积较隋代西苑有所缩小，但水系未变，苑内建筑有所增损、易名。

神都苑内宫室与丘池多沿自隋西苑，但唐初诸帝后亦有所增建，"或取旧名，或因余所，规制与此异矣"。如唐高宗显庆五年（660）"命田仁汪、徐感造八关凉宫，改名合璧宫"。调露元年（679）命韦机作宿羽宫、高山宫。苑中宫室林立，丘林繁茂，池沼星布。《唐两京城坊考》载："苑内最西者合璧宫，最东者凝碧池，当中央者龙鳞宫。合璧之东南，隔水者为明德宫。合璧之东为黄女宫。其正南而隔水者，芳榭亭也。苑之西北隅为高山宫，东北隅为宿羽宫，东南隅为望春宫。又有冷泉宫、积翠宫、青城宫、金谷宫，凌波宫。"《大唐六典》又云，苑中有"合璧、冷泉、高山、龙鳞、翠微、宿羽、明德、望春、青城、黄女、陵波，十有一宫，芳树、金谷二亭，凝碧之池"。其中，冷泉宫、翠微宫（积翠宫）、明德宫（隋曰显仁宫）、青城宫、陵波宫（凌波宫）五宫为隋的旧宫，唐朝继续沿用或做了改造。凝碧池由隋代的海更名而来。其余合璧宫、宿羽宫、高山宫、龙鳞宫、黄女宫、望春宫、芳树亭、金谷亭共六宫二亭均为唐代新创建的。

唐代的神都苑保留有大量的经济生产功能，是与汉代上林苑颇为类似的皇家庄园。据《唐六典·司农寺》载，"苑内总监掌宫苑内馆园池之事，……凡禽鱼果木皆总而司之""四面监掌所管面苑内宫馆园池与其种植修葺之事"。其后之注文云："显庆二年，改青城宫监曰东都苑（神都苑）北面监，明德宫监曰东都苑（神都苑）南面监，洛阳宫农圃监曰东都苑（神都苑）东面监，食货监曰东都苑（神都苑）西面监。"

上阳宫

唐东都洛阳（今河南洛阳）宫苑。

上阳宫位于皇城西南隅。神都苑之东，南临洛水，西距谷水，东接皇城右掖门之南，北连神都苑。《新唐书·地理志二》载："上阳宫在禁苑之东，东接皇城之西南隅上元中置，高宗之季常居以听政。"上阳宫始建于唐高宗上元（674～676）年间，唐高宗与武则天东幸洛阳，颇觉洛河之滨有临眺之美，即诏令司农卿韦机临洛水更造宫殿，以便登高临深，尽览洛阳之美色。

上阳宫南临洛水，并沿河建有延亘一里的长廊，雕饰华丽，远远可见。上阳宫正门正殿都向东，以取与宫城连成一体之意。东面有两门：正门是提象门，北门是星躔门；南面两门：东为仙洛门，西为通仙门；北面一门是芬芳门；西面两门，名已无从考证。宫内正殿为观风殿，正门为观风门，东对提象门，门南墙角有浴日楼，临洛水；北墙角有七宝阁；观风殿内有丽春台、耀掌亭、九洲亭等建筑物。观风殿为上阳宫中最绮丽的宫殿，高宗和武则天常在此听政。神龙元年（705），玄武门兵变后，武则天被迫迁居此殿，并于当年十一月，殁于观风殿北的仙居院。仙居院南有化城院，化城院西南有甘露殿，甘露殿东是双曜亭，西是麟趾殿，麟趾殿前东为神如亭，西为洞玄堂。观风殿西是本枝院，又西是丽春院、芙蓉亭、宜男亭。芬芳门内有芬芳殿；通仙门内有甘汤院，又东北为玉京门，门内北为金阙门，南为太初门；玉京门西有客省院、荫殿、翰林院，西北为仙桃门，又西为寿昌门。上阳宫西，隔谷水，有西上阳宫，虹桥跨谷，以通往来。

上阳宫中除了绮丽奢华的建筑之外，还引谷、洛二水于宫内，清渠萦回，潴而为池，池中有洲，竹木森翠。沿洛水之滨的曲折长廊，可凭栏眺望。其环境之优美，宫殿之壮丽，可谓至矣。唐诗人王建《上阳宫》诗中赞道："上阳花木不曾秋，洛水穿宫处处流。画阁红楼宫女笑，玉箫金管路人愁。幔城入涧橙花发，玉辇登山桂叶稠。曾读列仙王母传，九天未胜此中游。"

安史之乱中，洛阳沦陷，上阳宫同遭劫难。元稹诗《上阳白发人》"御马南奔胡马蹙，宫女三千合宫弃。宫门一闭不复开，上阳花草青苔地。月夜闲闻洛水声，秋池暗度风荷气"描写的正是宫人弃上阳宫南逃时仓皇凄凉的景象。中唐以后，东都洛阳没落。地处洛水之滨的上阳宫，也屡遭受水灾侵害，史书上多有大水冲入宫院，宫人死于水灾的记载。唐德宗贞元（785～805）年间，上阳宫终遭废弃。到了宋代时，上阳宫地面已无遗迹可寻，宋昇表奏唐代洛阳形制时，提到上阳宫也只能从唐代遗留的《洛阳图》中做考证。

东京后苑

宋代东京（今河南开封）宫城之后苑，位于宫城景福殿、广圣宫之北，为帝、后宴游之处。后苑本为前朝旧苑，宋初已存在。

宋太祖乾德三年（965）引金水河"贯皇城，历后苑，内庭池沼，水皆至焉"。后历真宗（997～1022年在位）、仁宗（1022～1063年在位）朝，主要建筑逐步建成，遂为一个花木繁盛、殿阁林立、水系贯通的皇家御苑。

后苑占地面积不大，却分布着众多的建筑。《宋会要辑稿》之《方域·东京大内》载：苑有太清楼，楼贮四库书，走马楼，延春阁旧曰万春，宝元中改凤仪、翔笃二阁，宜圣殿奉祖宗圣容。嘉瑞殿旧曰崇圣，后改今名。宣和殿、安福殿、宝跋殿、化成殿旧曰玉宸，明道元年改，四方贡珍果常贮此殿。金华殿，大中祥符中常宴辅臣。清心殿，真宗奉道之所。流杯殿，唐明皇书山水字于右，天圣初自长安辇入苑中，构殿为流杯，尝令侍臣馆客官赋诗。另据《历代宅京记》载，苑内有八殿：崇圣、宜圣、化成、金华、西凉、清心、仁智、德和等；二阁：翔鸾阁和仪凤阁；三亭：华景、翠岩、瑶津；一楼：太清楼；二石：敕赐昭庆神运万岁峰、独秀太平岩（宋徽宗书）；二山：香石泉山、涌翠峰；一溪：仁智殿前绕小溪有桥通殿，溪中有龙船。殿后垒石成山，高百尺，广倍之，名香石泉山，山后扬水装置，水上山，而后流经荆玉涧、涌翠峰，泻于太山洞，经德和殿至大庆门。

后苑可划分为四部分：太清楼、宜圣、化成、亲稼殿等西部宴饮观稼区；橙实亭、西曲水中部果木种植区；环碧池及后山东北部山水风景区以及东南部宣和殿建筑群。其中，太清楼西部宴饮观稼区延续了宋代皇家园林的重要现实功能。宋真宗天禧二年（1018）十月，曾召近臣在玉宸殿"观刈占城稻"。宋祁在《九日侍宴太清楼》诗中说："荐九标佳节，中天驻翠舆。晨光清复道，秋色遍储胥。畦稻霜成后，宫橙露饱初。……神池原不浪，温树未曾疏。帝眷凭秋稼，臣心仰夏渠。承平将乐事，并入史臣书。"

后苑是一个造园要素齐备的皇家园林，殿台楼阁，假山池沼，异花竹木，珍禽鱼类，无所不有。它的景物层次丰富，从平原庄稼到高山亭阁，近、中、远皆有景可赏，既表现出山林野趣，又与宫殿建筑群之间和谐搭配，体现了高度的艺术技巧。

玉津园

中国北宋东京（今河南开封）四园苑之一。位于河南省开封市南郊机场北路至护城堤间，南柴屯、孟坟、西柳林、东柳林、大李庄和小李庄一带。又称南御苑。

玉津园位于当时城南南薰门外，夹道分东西两园。该园本为后周时旧苑，周太祖显德五年（958）赐名玉津园。宋初扩建，是皇帝游举、赏花、观稼农时和宴射群臣的主要御园。据《宋史》载，宋太祖赵匡胤（960～976年在位）在乾德元年（963）及次年六次到玉津园游幸宴射，太宗皇帝（976～997年在位）则四次宴射玉津园。宋太宗太平兴国三年（978）以后，各帝很少问津，游幸转移到琼林苑、金明池。后玉津园毁于靖康战火和元、明黄河水患。

玉津园是一个由亭观台榭、池沼河渠、园林花木、珍鸟禽兽、稻麦田野等元素相结合的大型御园。园内地势平坦开旷，引闵河（惠民河）水注入园中，内有紫坛、连冈、农田、兽圈、禽笼，建筑较少，林木繁盛。据记载，玉津园"半以种麦，岁时节物，进供入内"。每年夏季皇帝到此观刈麦，了解农时，同时为宫中供应新粮。此外，园内兽圈、禽笼养有进贡的珍禽异兽，以供观赏。杨侃在《皇畿赋》中赞曰："景象仙岛，园名玉津，珍果奇献奇花进香，百亭千榭，林间水滨，则有麒麟含仁，驺虞知义，神羊一角之祥，灵犀三蹄之瑞。狻猊来于天竺，驯象贡于交趾。孔雀翡翠，白鹇素雉。"每年春天，玉津园定期开放，供平民踏春。苏轼有诗《游玉津园》云："承平苑囿杂耕桑，六圣勤民计虑长。碧水东流还旧派，紫坛南峙表连冈。不逢迟日莺花乱，空想疏林雪月光。千亩何时躬帝藉，斜阳寂历锁云庄。"

琼林苑

北宋东京（今河南开封）四园苑之一。位于河南省开封市城西顺天门（新郑门）外道南，与道北金明池相对。又称西御园、金凤园、西青城。

宋太祖乾德二年（964）置，是此后诸帝游幸赏花、宴射臣僚的主要御园。每年大试之后，皇帝在此赐宴新科进士，效仿唐代赐宴进士于长安曲江的"闻喜宴"，谓之琼林宴。

琼林苑中松柏森列，花木丛郁，有石榴园、樱桃园等专类园林，有梁桥河池，亭榭殿阁，苑之东南有高数十丈的华紫岗，上有楼观，金碧辉煌。《东京梦华录》载："大门牙道，皆古松怪柏，两旁有石榴园、樱桃园之类，各有亭榭，多是酒家以占。苑之东南隅，政和间创筑华觜冈，高数十丈，上有横观层楼，金碧相射，下有锦石缠道，宝砌池塘，柳锁虹桥，花萦一凤舸，其花皆素馨、茉莉、山丹、瑞香、含笑、射香等闽、广、二浙所进南花，有月池、梅亭、牡丹之类，诸亭不可悉数。"

琼林苑毁于靖康战火。金末，邹伸之《使燕日录》中写道："相近琼林苑、金明池。苑余墙垣，池存废沼。"盛极一时的狂欢之地，仅余荒废的大池。琼林苑遗址在今开封市中心西南 4 千米的南郑门口和回龙庙之间。

宜春苑

北宋东京（今河南开封）四园苑之一。五代后周（951～960）创建。原称迎春苑，又称东御园。

《旧五代史·世宗纪》载，显德五年（958）十月"戊子幸迎春苑"。北宋（960～1127）初年，宋太祖赵匡胤（960～976 年在位）也常到此园游幸。《宋史·太祖纪》载：开宝七年（974）十月"甲申幸迎春苑，登汴堤观战舰东下。丙午，又幸迎春苑，登汴堤观诸军习战"。后迎春苑归为秦王赵廷美（947～984）私园，又因赵廷美被贬，迎春苑收为御苑。宋太宗太平兴国七年（982），因此处改为皇家仓库——富国仓，遂将其迁至外城朝阳门外（新宋门）道南，并更名宜春苑，亦称东御园。秦王的缘故，北宋中期以后，宜春苑缺乏应有的管理，虽未废掉，但已不如往日之盛。王安石用很含蓄的笔调写道："宜春旧台沼，日暮一登临。解带行苍藓，移身坐绿阴。"

宜春苑原在里城东南通津门（汴河角门子）外，是平地园林，苑内有池沼、亭榭，景色宜人，以花木珍奇繁茂取胜，担负着节日为皇城内苑进花的任务，其实际的性质相当于皇家的"花圃"。据记载："每岁内苑赏花，则诸苑进牡丹及缠枝杂花。七夕、中元进奉巧楼花殿，杂果实莲菊花木及四时进时花入内。"宜春苑内不但百花荟萃，还养有各种美丽的禽鸟和鱼类。宋祁有诗云："宜春苑里报春回，宝胜缯花百种催。瑞羽关关迁木早，神鱼泼泼上冰来。"这使得宜春苑少了些楼阁亭台的皇家气魄，但却多了些自然幽静之趣，在众多皇家园林中显示出自己的特色。宜春苑是帝后宴游观赏、宴谢群臣的地方，宋初为进士及第举行的"闻喜宴"也多在此（后改在琼林苑）。

瑞圣园

北宋东京（今河南开封）四园苑之一。位于河南省开封市外城东北景阳门（新封上门）外道东。旧称北园、含芳园，又称北御园。

瑞圣园初名北园，宋太平兴国二年（977）改名含芳园。宋真宗大中祥符三年（1010）因奉安泰山所降天书而更为瑞圣，亦称北御园。

瑞圣园是以水景和植物为主的一处园林，其布局以水为主线，水体形式有方塘、深池、曲水；池中有三座岛屿；种植奇异花卉，密林修竹，植物种类丰富；园中养有多种善鸣鸟类，以及外国进贡的马匹；园内空地上有大片谷田。西南借岗阜起伏之景，东北借园田广阔之景，远望园外沙台崔嵬，佛刹高耸，岗阜连绵，平畴千里。园内水景与园外岗阜原田相映成趣，空间层次丰富。杨侃《皇畿赋》中说它："四方异花，于是乎见；百啭好鸟，于是乎闻。十洲移景，三岛分春。延厩之设，是名天驷。伐大宛以新求，涉渥洼而远致，群驱八骑，队数十骥，虽挽粟之千车，乃尝秣之一费。彼沙台之崔嵬，耸佛刹之千尺，冈阜连延于西南，原田平坦于东北。"曾巩曾有诗言及端圣园的景象："北上郊园一据鞍，华林清集缀儒冠；方塘潋潋春先渌，密竹娟娟午更寒。流诸酒浮金凿落，照庭花并玉阑干。君恩倍觉丘山重，长日从容笑语欢。"

瑞圣园是皇帝和皇室人员赏花、饮宴和农时季节观收麦刈稻的地方，园内有观稼殿。《玉海》载："上巳、重阳，则宗室骑马或馆阁、三司、开封府、刑部法官及典军臣僚，与玉津瑞圣园分互选胜赐宴，凡皇城东诸园榭入官者尽隶焉。"又云，太宗于太平兴国年间驾幸瑞圣园，与"近臣宴饮，喜赉（赐给）园宦……幸瑞圣园观稼"。除园林部分外，瑞圣园内空地作为公田，曾大量种植五谷果蔬，以为宋廷祭祀之用。史载其"旧有隙地，异时主者垦为公田，岁藉其收，以备常用"。为此，宋庠曾请求在园中"择上腴之地，播五谷之种，谨耘籽之法，慎登获之勤，每春种秋敛之至于果蔬之类，皆须苑囿之植，外尽庶物，内将至诚，达其令芳，以介福禄……"

瑞圣园毁于靖康战火，遗址在今开封市北大北岗村及其以东地带。

延福宫

北宋（960～1127）晚期皇家宫苑。位于河南省开封市龙亭公园北门附近。

延福宫位于宋代东京（今河南开封）宫城之北，以皇宫北门、拱辰门为南门，"其东直景龙门，西抵天波门，宫东西二横门，……所谓晨晖、丽泽者也"。

宋徽宗赵佶（1100～1126年在位）即位后，因不满宫苑的狭小，于政和三年（1113）命童贯、杨戬、贾祥、何欣、蓝从熙五位宦官督造延福宫，"五人者因各为制度，不务沿袭，故号'延福五位'"，为帝、后游乐之所。"其后又跨旧城修筑，号'延福第六位'"。

延福宫以延福殿、偬珠殿、碧琅轩为中心建筑群，宫内殿阁亭台，连绵不绝，凿池为海引泉为湖。珍禽奇兽等青铜雕塑千姿百态；嘉葩名木及怪石幽岩穷奇极胜。在延福宫的左边，"复列二位"，其殿则有穆清、成平、会宁、睿谟、凝和、昆玉、群玉七殿：其东阁有惠馥、报琼、蟠桃、春锦、迭琼、芬芳、丽玉、寒香、拂云、偃盖、翠葆、铅英、云锦、兰惠、摘金；其西阁有繁英、雪香、披芳、铅华、琼华、文绮、绛萼、秾华、绿绮、瑶碧、清阴、秋香、丛玉、扶玉、绛云，即东西各十五阁。是宫内最大的殿阁建筑群，其他地区则为典型的园林建筑。在延福宫的右边，《枫窗小牍》卷上记曰："宫之右为位二，阁曰宴春，广十有二丈，舞台四列，山亭三峙。凿圆池为海，跨海为二亭，架石梁以升山，亭曰飞华，横度之四百尺有奇，纵数之二百六十有七尺。又疏泉为湖，湖中作堤以接亭，堤中作梁以通湖，梁之上又为茅亭、鹤庄、鹿砦、孔翠诸栅，蹄尾动数千，嘉花名木，类聚区别，幽胜宛若生成，西抵丽泽，不类尘境。"

延福宫布局经过详细规划，主次分明，各有特色，很好地处理了不同风格园林共存的问题。受宋代空前兴盛的文化影响，延福宫殿、台、亭、阁众多，名称雅致，富于诗意。与其他宋代皇家园林相比，园内排除了大片农作物的种植，也没有出现观稼殿之类的建筑，园林的政治功能有所减弱，欣赏功能得到提高，造园意境得到很大提升。

艮 岳

北宋晚期著名的皇家宫苑。位于宋东京（今河南开封）景龙门内以东，封丘门（安远门）内以西，东华门内以北，景龙江以南，周长约 3000 米。旧称万岁山，又称寿岳、寿山艮岳、华阳宫。

宋徽宗赵佶（1100～1126 年在位）亲自参与艮岳的设计，于政和七年（1117）兴工、宣和四年（1122）竣工，初名万岁山，后改名艮岳、寿岳，或连称寿山艮岳，亦号华阳宫。一如宋徽宗《御制艮岳记》所言，"山在国之艮，故名曰艮岳"，取其地处宫城东北隅之意。

据记载，艮岳以南北两山为主体，两山都向东西伸展，并折而相向环拱，构成了众山环列、中间平芜的形势。北山稍稍偏东，名万岁山，峰巅立介亭，以界分东西二岭。介亭两侧另有亭，东曰极目、萧森，西曰麓云、半山。南为寿山，两峰并峙，列嶂如屏，瀑布泻入雁池。苑西仿农舍建西庄、山庄，周围辟粳稼寂麻之地，山坞之中又有药寮，附近植祀菊黄精之属。再西为"万松岭"，岭畔有"倚翠楼"。艮岳与万松岭间自南往北为濯龙峡，中间平地凿成大方沼，沼水东出为"研池"，西流为"凤池"。万岁山西北原有瑶华宫，后为火焚毁，于是据其地凿大池，名为曲江，自苑外引景龙江水屈曲绕行，直至封丘门。池中有堂，曰蓬壶。此外因境设景，有"绿萼华堂""巢云亭"等，寓意得道飞升的有"祈真磴""炼丹亭""碧虚洞天"等。整个苑中建筑则亭台楼阁，斋馆厅堂；山岭则冈阜洞穴，岩崖岞壁；泉池则川峡溪泉，洲诸瀑布。更有乔木茂草，走兽飞禽，其胜概难以尽述。来到苑中，四向环顾，若在重山大壑、幽谷深岩之底，而不知东京汴梁原是开阔平夷之地。而腾山赴壑，穷深探险，绿叶朱苞，华阁飞陞，玩心惬志，与神合契，遂忘尘俗之缤纷，飘然有凌云之志，终可乐也。

艮岳突破了秦汉以来宫苑"一池三山"的造园规范，将诗情画意移入园中，为后世皇家园林所传承。它采用自然山水园的构园方式，在个别景点的构筑上又吸收了私家园林的造园手法，为后来皇家园林的建造拓宽了思路，成为中国造园史上皇家园林承前启后的重要里程碑。

靖康元年（1126）冬，金兵攻破东京城。次年二月，皇宫珍宝、建筑及园林花石等被金兵大肆劫掠，运往燕京（今北京），艮岳破败不堪，园中花木枯萎，仅剩土山及少量湖石。金代末期，艮岳遭到彻底破坏。据和维《愚见纪忘》载："金宣宗命尚书术虎高琪展筑汴城（里城），就取艮岳之土搬筑，以为北面城垣，其景龙江改为城濠，诸池沼悉皆填平。"

平泉山居

唐武宗（841～846年在位）宰相李德裕于825年建造的别业园林。位于河南省洛阳市龙门西南5千米处的伊川县城关镇梁村沟一带。平泉山风景秀丽，以泉水著称，是洛阳八大景之一的"平泉朝游"所在地。

李德裕（787～850），字文饶，河北赵郡（今赵县）人，出身将相世家，祖父李栖筠，代宗朝御史大夫，父李吉甫，唐宪宗时两次为相。李德裕出身宦门，随父在外为官十四年，饱览各地风景，在唐武宗在位时自淮南节度使入相，力主削藩，执政六年，晋太尉，封卫国公，被李商隐誉为"万古之良相"。唐宣宗大中元年（847）贬为潮州司马，再贬崖州司户，卒于贬所。李德裕在园林史上留下《平泉山居诫子孙记》和《平泉山居草木记》两篇名作。

平泉山居规模浩大，宋人张洎《贾式谈录》中云："平泉庄周围十里，台榭百余所。"若按"周围十里"计，应当有 2000 多亩土地。园内有水池、泉水、山峡、建筑、怪石、奇花、珍禽等。台榭百余所，有书楼、瀑泉亭、流杯亭、西园、双碧潭、钓鱼台等，用模拟手法造山形水系，"泉水萦回，穿凿像巫峡、洞庭十二峰、九派，迄于海门"（康骈《剧谈录》）。

李德裕建造平泉山居，是对父亲遗愿的继承。父亲李吉甫生前对龙门西南这处依山傍水的地方很是向往，曾在《怀伊川赋》中吟咏："龙门南岳尽伊原，草树人烟目所存。正是北州梨枣熟，梦魂秋日到郊园。"因此，李德裕在《平泉山居诫子孙记》中写道：经始平泉，追先志也。吾随侍先太师懿公，在外十四年，上会稽，探禹穴，历楚泽，登巫山，游沅湘，望衡峤。先公每维舟清眺，意有所感，必凄然遐想，属目伊川……吾心感是诗，有退居伊洛之志。

平泉山居以名花奇石著称，李德裕《平泉山居草木记》记载了 63 种花木、13 种奇石，其中八成以上来自江南，这些花木奇石大多滨水布置，扬州的金松和剡溪的红桂等种在潭边，"台岭、八公之怪石，巫山、严湍、琅邪台之水石"，则布置在清渠两侧，强化了园林的江南之感。此外，山居中还有流杯亭、瀑泉亭、斋舍、水榭和书楼等，供园主日常起居和游玩赏景。

　　宋《渔阳公石谱》记载："广采天下珍木怪石为园地之玩。"名石有醒酒石、礼星石、狮子石、仙人迹石、鹿迹石、日观石、震泽石、巫岭石、罗浮石、桂水石、严湍石、庐山石、漏泽石、台岭石、八公石、琅琊石等。李德裕有诗《题罗浮石》："清景持芳菊，凉天倚茂松。名山何必去，此地有群峰。"园中的每方奇石都镌刻"有道"两字，其中的醒酒石是他的至爱。动物有鹓鸠、白鹭鸶、猿猴等。异地植物有天台之海石楠、金松和琪树；稽山之四时杜鹃、相思、紫苑、贞桐、山茗、重台蔷薇、黄槿、海棠、榧、桧；剡溪之红桂、厚朴、真红桂；海峤之香柽、木兰；天目之青神、凤集；钟山之月桂、青飕、杨梅；曲房之山桂、温树；金陵之珠柏、栾荆、杜鹃、同心木芙蓉；茆山之山桃、侧柏、南烛；宜春之柳柏、红豆、山樱；蓝田之栗、梨、龙柏；苹洲之重台莲；芙蓉湖之白莲；茅山东溪之芳荪；番禺之山茶；宛陵之紫丁香；会稽之百叶芙蓉、百叶紫薇；永嘉之紫桂、簇蝶；桂林之俱郍卫；东阳之牡桂、紫石楠；九华山之药树、天蓼、青栃、黄心先、朱杉龙骨；宜春之笔树、楠、稚子、金荆、红笔、密蒙、勾栗木。其他还有山姜、碧百合等。栽植树木花卉数量之多，品种之丰富、名贵，尤为著称于当时。李德裕在自撰的《平泉山居记》中曾说："鬻吾平泉者，非吾子孙也；以平泉一树一石与人者，非佳子弟也。吾百年之后，为权势所夺，则以先人所命，泣而告之，此吾志也。"尽管如此，但李德裕被贬至海南崖州去世后，平泉山庄也就衰落。五代（907～960）时，山庄为丹阳王守节所得。整修园林时，掘出奇石无数，醒酒石也在其中。北宗哲宗（1085～1100年在位）时，醒酒石被征入宫中，放在筑月台。徽宗（1100～1126年在位）置其于宣和殿。"靖康之难"（1125～1127）后，其石不知所踪。珍禽、奇木也皆落入他人之手。

北宋行宫别苑

北宋时期修建在皇城郊外风景优美、环境幽静处的皇家园林，通常与皇帝的行宫或离宫建在一起，方便皇帝外出居住时处理朝政、供皇帝偶一游憩或短期驻跸之用。又称北宋行宫御苑。

北宋行宫别苑中最典型的为东京（今河南开封）四苑，即宜春苑、琼林苑、玉津园、瑞圣园（含芳园），均为北宋初年建成，分别位于外城以外的东、西、南、北方。

◆ 宜春苑

宜春苑位于新宋门外干道之南，原为宋太祖三弟秦王之别墅园，秦王贬官后收为御苑。最初位于通津门外，后因汴河水患，迁至新宋门（朝阳门）内道南并改名宜春苑，原址改为富国仓（后迁西北固子门外）。

宜春苑为宋代帝王宴射之所，池沼美丽，花卉齐全。因栽培花卉之盛而闻名京师，"每岁内苑赏花，则诸苑进牡丹及缠枝杂花。七夕、中元、进奉巧楼花殿，杂果实莲菊花木，及四时进时花入内"。诸苑所进之花以宜春苑的最多最好，故此苑性质相当于皇家的花圃。杨侃《皇畿赋》云："其东则有汴水之阳，宜春之苑。向日而亭台最丽，迎郊而气候先暖。莺啭何早？花开不晚。"可见，与当时东京其他园林相比，宜春苑最大的特点为亭台华美。而宜春苑以高台为主结合花木成园的思想基本延续秦汉以来贵族园林之风。作为北宋时期重要的御苑之一，宜春苑承担着皇家宴饮、习射、接待外国使臣等任务，因此园中还有满足宴射、接待外使要求的建筑。宜春苑整体规模较小，全园景致突显一个"静"字，充满禅意。

◆ **琼林苑**

琼林苑在外城西墙新郑门外干道之南，俗称"西青城"，乾德二年（964）建。太平兴国元年（976）又在干道之北开凿水池，引汴河注之，另成一区名"金明池"，作为琼林苑的附园。琼林苑经历年不断增建，到政和（1111～1118）年间才全部完成。

苑之东南隅筑山，名"华觜冈"。山"高数十丈，上有横观层楼，金碧相射"。山下"锦石缠道，宝砌池塘，柳锁虹桥，花萦凤舸。其花皆素馨、末莉、山丹、瑞香、含笑、射香"，大部分为广闽、二浙所进贡的名花。花间点缀梅亭、牡丹亭等小亭兼作赏花之用。入苑门，"大门牙道皆古松怪柏，两傍有石榴园、樱桃园之类，各有亭榭"。可以得知，此园除殿亭楼阁、池桥画舫之外，还以树木和南方的花草取胜，是一座以植物为主体的园林。苑内于射殿之南设球场，"乃都人击球之所"。每逢大比之年，殿试发榜后皇帝例必在此园赐宴新科进士，谓之"琼林宴"。

金明池作为琼林苑的北部园林，以水景为主，植物种类单一。开凿于宋太宗太平兴国元年，引金水河水注入园内。水面宽广，池岸方直，环池均为绿化地带，别无建置。建筑物点缀池中，南北轴线上建筑物较多，从南到北有棂星门、彩楼、仙桥、水心五殿、奥屋。在南北轴线东边，仙桥之东，有一临水殿。在池东北角有一水榭，池东有一不知名重檐九脊殿。金明池原为宋太宗（976～997年在位）检阅"神卫虎翼水军"

水操演习的地方，因而它的规划不同于一般园林，呈规整的类似宫廷的格局。到后来水军操演变成了龙舟竞赛的斗标表演，宋人谓之"水嬉"。金明池每年定期开放任人参观游览，"岁以二月开，命士庶纵观，谓之开池，至上巳车驾临幸毕即闭"。每逢水嬉之日，东京居民倾城来此观看。琼林苑南北两部分各自特色显著。虽仅一道之隔，但风格迥异。

◆ 玉津园

玉津园位于城南南薰门外，夹道分东西两园。原为后周的旧苑，显德五年（958）赐名玉津园，俗称南御园。宋初加以扩建，是皇帝南郊大祀的场所。苑内仅有少量建筑物，环境比较幽静，林木特别繁茂，故俗称"青城"。

玉津园是一个亭观台榭、池沼河渠、园林花木、珍鸟禽兽和稻禾田野相结合的大型御园。园内地势平坦开旷，引闵河（惠民河）注入园中，水体多为几何形状，池中有岛，百亭千榭，珍果奇献，花木繁茂。园内有一半的地方是种麦的农田，每仲夏，皇帝临幸观看刈麦，以了解农时，同时为宫中供应新粮，因此园中农业特色显著。在苑的东北隅有动物园，专门饲养远方进贡的珍奇禽兽，如大象、麒麟、驺虞、神羊、灵犀、狻猊、孔雀、白鹇、吴牛等。

◆ 瑞圣园

瑞圣园位于封丘门外干道之东，初名北园，太平兴国二年（977）改名含芳。大中祥符三年（1010）自泰山迎来"天书"供奉于此，改名瑞圣园。哲宗绍圣三年（1096）立北郊斋宫于道西，故又称北青城。今尚存古井数口，园南为宋外城遗址。

　　瑞圣园布局以水景为中心，水体形式包括方塘、深池、曲水；植物种类丰富，并且以栽植竹子之繁茂而出名，宋人曾巩有诗句咏之为："北上郊原一据鞭，华林清集缀儒冠；方塘潇潇春光渌，密竹娟娟午更寒。"瑞圣园是北宋帝王宴射、观刈谷之处，因此园中营建水心殿和观稼亭。园中豢养多种善鸣鸟类以及外国进贡的马匹。除园林部分外，大量空地种植五谷果蔬。

　　瑞圣园内西南借岗阜起伏之景，东北借园田广阔之景，远望园外沙台崔嵬，佛刹高耸，岗阜连绵，平畴千里。园内水景与园外岗阜原田相映成趣，空间层次丰富。瑞圣园的景色突出一个"闲"字，显现道家"清静无为"的精神。置身园中，感受鱼鸟之乐，虽近城郭，却如山林。

　　北宋行宫御苑，以举行皇帝宴射、接见外国使臣、观刈麦等政治活动为主，也会举行一定的体育活动与宗教活动。从东京四苑这四座典型的北宋行宫御苑可以发现，因其地理位置不同，园林功能、布局以及要素各有偏重，东京四苑形成各自的园林风格。作为北宋行宫御苑的代表，东京四园主题园的形式在后世皇家园林中得到继承与发展。

陕西皇家名园

长安禁苑

古代著名御苑。禁苑即皇家专属园囿区域之专称。

　　古代帝都之旁，多划有一定面积的皇家管辖区，以供天子游猎和其他特殊用途。历史上最著名的禁苑为唐长安禁苑，是唐长安最大的皇家园囿。长安禁苑始于隋代所建"大兴苑"，经唐代不断增建，以及对西部汉长安城内宫苑的不断恢复，逐步形成了北临渭水，东接浐水，西包汉都城，南至唐长安北城墙的巨大宫苑群落。据徐松《唐两京城坊考》，长安禁苑"东西长二十七里，南北宽二十三里"；又据《旧唐书·地理志》长安禁苑"东西三十里。苑周有垣墙。东西各设二门，南北各设三门"。长安禁苑中有望春宫、未央宫、含光殿、鱼藻池、广运潭、凝碧桥、上阳桥、临渭亭、球场亭、柳园、桃园、樱桃园、梨园、西楼、虎圈

汉长安城未央宫遗址

等建筑二十四所，其中望春宫、未央宫、含光殿等为汉代旧宫；有专供皇族狩猎的猎场和最早的角斗兽圈；有唐代最流行的蹴鞠之所球场亭；有最早的皇家音乐舞蹈学校——梨园（唐明皇李隆基即为古代中国梨园之祖）；有专供皇家蔬果鱼禽的生产基地。禁苑最胜之处为"鱼藻池"，引灞水为湖，湖上筑神山仙岛，建有鱼藻宫，为皇帝观龙舟竞渡和水嬉之所。

建章宫

汉武帝刘彻（公元前141～前87年在位）于太初元年（公元前104）建造的宫苑。公元前104年，未央宫的柏梁台遭火焚毁。武帝"以

城中为小"，欲营建新宫室，便欣然地接受了粤巫勇"有火灾、复起屋，必以大，用胜服之"的建议，决定在长安城外兴建规模浩大的建章宫，史称"柏梁既灾，建章是营"。汉武帝营造建章宫、太液池，到建元三年（公元前138）营造上林苑，掀起了汉长安宫苑建设的高潮。据《三辅黄图》："（建章宫）周二十余里，千门万户，在未央宫西、长安城外。"武帝为了往来方便，跨城筑有飞阁辇道，可从未央宫直至建章宫。这是中国古代园林中最早的复道飞阁设置。建章宫主要为武帝、昭帝时代的皇宫，其后逐步毁圮，最终于西汉末期被毁。新莽地皇元年（公元20）王莽拆建章宫宫殿木石，于安门以南建造九庙。

建章宫也是汉武帝时代主要的政治中心，其整体布局为南宫北苑。南部以轴线分列宫殿建筑，形成规则严整的布局，北部以太液池为中心，形成一池三山的自由宫苑布局。南部宫殿区由璧门、圆阙、嶕峣阙、玉堂、建章前殿、天梁宫形成一条中轴线，其他宫阁楼台分布两端，并围以阁道相通。建章宫南面正门为璧门，又称阊阖门，"阊阖者，以象天门"。阊阖门内东侧为别凤阙，西侧为井干楼。别凤阙上为铜凤凰，置之于转枢，迎风而旋，故名凤阙。西南角为神明台，为仙人承露之处。北部宫殿区主要建筑有建章前殿、骀荡宫、馺娑宫、枍诣宫、承光殿、天梁宫、奇宝宫、鼓簧宫、奇华殿、疏圃殿、鸣銮殿、铜柱殿、函德殿、凉风台、神明堂、唐中殿、承露盘等。

建章宫北为太液池。其水系是南引昆明湖池水而形成北区的太液池和西部唐中池两个主要水面。张衡《西京赋》称之"前开唐中，弥望广潒。顾临太液，沧池漭沆。渐台立于中央，赫旷旷以弘敞。清渊洋洋，神山峨峨"。足见其规模之大，远超过后世皇家园林。

阿房宫

秦代"法天象地"的渭河—南山轴线上的核心宫殿。

阿房宫中心线一直向南，正对着秦岭北麓有名的峪口"沣峪口"。南至沣峪口，北至渭河，阿房宫所在地正是这条轴线上的最高处，与文献的记载意义相合。据《三辅黄图》记载，阿房宫前殿"东西五百步，南北五十丈，上可以坐万人，下可以建五丈旗。周驰为阁道，自殿下直抵南山。表南山之巅以为阙，为复道，自阿房渡渭，属之咸阳，以象天极阁道绝汉抵营室也"。由此推断，阿房宫选址具有强烈的轴线意识，这条轴线有可能是秦始皇给统一后的秦帝国都城咸阳所定的轴线。阿房宫始建于秦始皇三十五年（公元前212），工程开建仅三年，始皇帝去世，工程暂停，仅完成规模宏大的前殿地基。后世"楚人一炬，可怜焦土"之说，源于唐代杜牧的《阿房宫赋》，是诗人艺术化的想象。

兴庆宫

唐代的"三大内"（太极宫、大明宫、兴庆宫）之一。位于陕西省西安市。兴庆宫起初仅为离宫，由唐玄宗（712～756年在位）藩邸"以宅为宫"，经多次扩建而成，为唐玄宗开元（713～741）、天宝（742～756）年间的主要活动场所。兴庆者寓"兴国安邦，普天同庆"之意。

◆ 沿革

兴庆宫建于唐玄宗开元二年（714）七月，建成于开元十五年底。开元十六年正月初三，唐玄宗始移居兴庆宫听政。后又经多次扩建、补修，兴庆宫的建筑结构臻于完善。由于兴庆宫建成于开元盛世时期，所以其建筑结构、设计思想、建筑艺术、园林布局等方面都达到了前所未有的水平，其中所蕴含的历史文化和古代文明可谓博大精深，堪称中国古代宫城建筑史上的瑰宝。

在兴庆宫创修和建成时期，将作大匠韦凑曾是监造和设计者，而在兴庆宫增扩建时期，其监造和设计者换成了将作大匠范安及。兴庆宫的所有建筑都围绕龙池进行规划布局，其中北区以正宫、寝殿为主，为宫殿区；南区以亭、台、楼、阁为主，为园林风景区。

◆ 布局

宫墙与宫门

据北宋人宋敏求所撰《长安志》和清人徐松所撰《唐两京城坊考》等书记载，唐兴庆宫四面宫墙上共建有九座城门，门上大多建有门楼，气势宏伟，规模巨大。

宫城西墙开兴庆门和金明门二门。位于中部略北的兴庆门，坐东向西，为正门。位于兴庆门之南的金明门，距宫城南墙角 375 米，门址为边长 20 米的正方形状，面积 400 平方米。

宫城东墙开金花门和初阳门二门。位于东墙中部略北的金花门，坐西向东，与西墙兴庆门东西相望。此门仅载于清《陕西通志》所绘《兴庆宫图》和清人毕沅《关中胜迹图志》所绘《唐南内图》，其余各地志书中阙载。初阳门位于金花门南，距宫城南墙角较近。

宫城南墙开通阳门和明义门二门。通阳门位于南墙中部偏东，西距西墙角 345 米，东距东墙角 735 米。考古工作者在探测中测得该门遗址，东西 40 米，南北 32 米，面积 1312 平方米；明义门位于南墙东部，西距通阳门 520 米，东距东墙角 345 米。

宫城北墙开跃龙门、丽苑门和芳苑门三门。跃龙门位于北宫墙正中，丽苑门位于跃龙门之西，芳苑门位于跃龙门之东。

为了加强和便利宫城的安全防卫工作，兴庆宫内当须在兴庆池以北建有一道自东向西的宫墙，与南北走向的东、西宫墙相接。兴庆宫内的南北二区，即北面宫殿区和南面风景园林区，由于被此墙相隔而界限分明。在宋刻《兴庆宫图》中有明确标志，且宫墙上开有三座宫门，均坐北向南。大同门位于宫墙西部，门北即为大同殿；仙云门位于宫墙东部，门北正对新射殿；瀛洲门位于宫墙中部，门北与南薰殿相对。

北部宫殿区

以宫殿建筑为主，见于文献记载的有 10 多座。

兴庆殿位于兴庆门内，是宫内正殿，殿门坐南向北。

大同殿位于兴庆殿之南、大同门之北，殿前左右有钟楼、鼓楼。大殿左右墙壁上有唐画家吴道子和李思训所画《嘉陵江三百里风光图》。大同殿是唐玄宗在兴庆宫从事道教活动的重要场所。另宫北阙有一处专为玄宗炼制道家丹药的处所，名叫合炼院，位于大同殿附近。

南薰殿位于宫内东西向宫墙中部所开瀛洲门之北，南临兴庆池。唐玄宗常与侍臣、翰林供奉、翰林待诏临池观景并饮宴游乐。

新射殿位于宫内东西向宫墙偏东处所开仙云门之北，与南薰殿东西毗邻。该殿是唐玄宗及其文武大臣观看和演练骑射技艺的主要场所。

义安殿、冷井殿、咸宁殿和积庆殿也是兴庆宫北阙宫殿区内的四座便殿，但位置失载，估计在新射殿和南薰殿附近。开元、天宝年间，唐玄宗可能在此起居。安史之乱以后，这里便成了安置皇太后的主要殿廷。

此外，兴庆宫北阙宫殿区内位置不详的宫殿还有飞仙殿、同光殿、荣光殿等。

南部风景园林区

建筑结构以亭、台、楼、阁为主，是唐玄宗和文武百官及嫔妃、宫女们饮宴、游乐之地。这里经常上演的音乐歌舞和诗词歌赋曾是盛唐文化的集中体现，后来被演绎为千古绝唱的唐玄宗和杨贵妃的爱情故事也多发生在这里，因而备受历代文人骚客的关注，留下了数以千计的笔墨之作，成为中国传统文化和古代文明的重要遗产。

龙池位于兴庆宫中部偏南，是一座占地面积达 18 万平方米的人工湖，也是唐都长安城内最大的一座人工水池。唐玄宗兴建兴庆宫后，改称龙池。唐玄宗与嫔妃、群臣在此泛舟游宴，并与杨贵妃在此游乐嬉戏。

勤政务本楼为骑墙而建，楼下为道路市井，在这里发生了许多与民同乐和君臣恭睦的故事，史载花萼相辉和勤政务本两楼位于“宫城西南隅”，地理位置较偏。

花萼相辉楼是风景园林区内最主要的楼殿建筑，又称花萼楼。位于兴庆池西南隅，靠近西墙拐角之处。开元、天宝年间，唐玄宗在此楼宴会有功边将、周边少数民族酋长、使者，以及举行制举考试等，兼具外朝和中朝正殿的功能、性质。由于玄宗生日八月初五定为千秋节，此后唐玄宗每逢此日亦与百官在此楼宴饮，或于每年正月十五夜在此赏灯嬉戏。唐人撰写多篇《花萼楼赋》，尤以时人王湮所撰《花萼楼赋》影响深远，称花萼楼为"五大名楼"之首。

沉香亭位于兴庆池东北、仙云门西南。因用沉香木建成，故称。沉香亭在宫内龙池东北侧，离宫殿区较近，由于紧靠龙池，夏日在此荡舟纳凉，为玄宗和杨贵妃游乐之地，周围遍植牡丹，花开时节欢宴赏花，诗人李白曾即席写下"名花倾国两相欢，长得君王带笑看。解释春风无限恨，沉香亭北倚阑干"等名传中外的《清平调》三章。

龙池殿位于兴庆池中，是唐玄宗在兴庆宫避暑的休憩之处。

五龙坛位于兴庆池南。坛内设置龙堂，是唐玄宗群臣祈雨之处。

长庆殿位于宫城东南隅、南宫墙偏东明义门之北。殿堂之上建有阁楼，登上殿楼可俯瞰宫外街衢。

◆ 特色

南内兴庆宫、西内太极宫和东内大明宫三者同为宫城，但兴庆宫设计思想独特、建筑风格奇异，在中国古代宫城建筑史上独树一帜。

首先，西内太极宫位于长安全城北部正中，具至高无上地位，占地面积 1.9 平方千米；东内大明宫 3.3 平方千米，面积最大；南内兴庆宫位于长安外郭城坊里，与建有私人宅第的坊里和商业市场毗邻，面积 1.3平方千米，面积最小，仅有大明宫的三分之一。

其次，太极宫和大明宫的正门和三座正殿均坐北向南，位于宫城正中心中轴线上，兴庆宫正门兴庆门却坐东向西，和正殿兴庆殿及勤政务本楼并不在宫城正中中轴线上。

再次，太极宫和大明宫内的正殿和诸多寝殿、便殿，多为双檐庑殿顶或盝顶式殿堂建筑，气势雄伟但结构单一。而兴庆宫正殿、便殿多为楼殿式建筑，即下层为殿，上层为楼，不但宏伟壮观，工艺精妙，而且功能齐全，既可以发挥正殿功能，也可以进行歌舞表演，是唐代宫殿建筑技艺达到极高造诣的重要标志。

最后，三座宫城虽都有以水池、亭台和楼阁为中心的园林风景区，但兴庆宫内以兴庆池为中心的园林风景区不但面积最大、建筑最多，而且风景最为优美，最适合皇帝和文武大臣，以及后宫嫔妃宴饮游乐。

◆ 遗址

唐兴庆宫遗址位于古城西安明城墙东面，在西安环城南路延伸线——咸宁路西段北侧，地理坐标为东经108°59′，北纬34°13′。对兴庆宫遗址的全面考古勘探结果为兴庆宫城址南北长1250米，东西宽1080米，平面呈长方形，面积1.34平方千米。四面宫墙夯土筑成，北、西两面墙基宽5米，东墙基宽6米，南墙有两重，内墙宽5米，外墙宽3.5米，两墙相距20米。探察出的兴庆宫的位置与《大唐六典》卷七"兴庆宫在皇城之东南，东距外郭城东垣"及《长安志》卷九"南内兴庆宫距外郭城东垣"等记载相符。

对兴庆宫四处门址进行考古探测。初阳门位于宫东墙之南端，东西长16.5米，南北宽23.5米。明义门位于宫之南壁，仅发现部分残迹。通阳门位于宫之南壁，东距明义门520米，东西41米，南北32米。金明门位于宫之西壁，为边长 20 米的正方形。

在兴庆宫遗址内发现了大量带字砖、瓦、瓦当，以及青石菩萨坐像、"都管七国"六瓣套装银盒、唐金银平托联珠花卉铜镜残片、石雕螭首等珍贵文物。

◆ 影响

兴庆宫在推动唐朝政治经济发展和文化艺术繁荣等方面都起到了不可替代的作用，在开元、天宝年间的许多中外文化交流中处于重要地位。唐玄宗经常在兴庆宫接见世界各国入唐朝贡的使者。宫内建筑豪华壮丽，园林优美如画。玄宗在此举行元日和冬至的国家庆典，接见文武大臣，接见周边少数民族政权和外国的首领、使者，举行科举考试，召见翰林待诏、供奉。

兴庆宫内的许多建筑寓意深刻。勤政务本楼取"励精图治"之意，初期的唐玄宗欲在政治上大有作为，特取此名励志。花萼相辉楼，取自《诗经》"棠棣篇"有"花复萼，萼承花，互相辉映"，玄宗借此楼向世人表明"共申友悌"之情。二楼均具有深刻的历史意义。

许多文献记载兴庆宫曾保存着不少舶来品，多为外国朝贡时所献的珍奇之物。有外国进贡的"软玉鞭"和罽宾国（今阿富汗东北）所贡的"上清珠"等贡品。

1979 年 10 月，在兴庆宫遗址内发现了一组题名"都管七国"的六瓣三件套装银盒，是唐朝前期或开元、天宝年间婆罗门国（今印度）、高丽国（今朝鲜），以及位于今中国新疆、云南境内的少数民族政权联合向唐朝廷进献的珍贵贡品。

九成宫

隋唐（581～907）时期结合自然风景设计的离宫，被后人誉为避暑胜地和历代离宫之冠。位于陕西省麟游县杜水之阳。初建于隋开皇十三年（593）。旧称仁寿宫。

◆ 沿革

隋时名仁寿宫，选址于岐山之北，杜水之阳，其四面环山、松柏满布的山水地相吸引了隋、唐皇室于此消夏避暑，因之营造离宫。隋宇文恺为仁寿宫土木监，参与规划并督理仁寿宫营造事务。

唐贞观五年（631），仁寿宫改称为九成宫。开成元年（836），九成宫毁于暴雨，仅《九成宫醴泉铭》《万年宫铭》残存。唐昭宗龙纪元年（889），吴融《过九成宫》："凤辇东归二百年，九成宫殿半荒阡。魏公碑字封苍藓，文帝泉声落野田。"九成宫晚唐即毁，至北宋苏轼来此时已余残迹。1957年，隋仁寿宫·唐九成宫遗址被列为第二批省级重点文物保护单位；1996年，被国务院列为第四批全国重点文物保护单位。

◆ 营造布局

近现代的考古发掘坐实了九成宫宫城、外城重置的营造格局。考古证实：九成宫有内、外两重城，内垣之内为宫城，其外缭之以缭墙，亦称外城。外城东至庙沟口，西至北马坊河东岸，北至碧城山腰，南临杜水，其四至之内的山岳地带即为皇家禁苑。据《隋仁寿宫唐九成宫37号殿址的发掘》考古资料显示，宫城地势西高东低，呈长方形沿杜河北岸展开，其宫墙东西1010米，南北约300米。宫城设宫门三座，分别是南门永光门、东门东宫门、西门玄武门。

九成宫的宫址周围及宫内，九峰环拥，由东南向西北再中间依次是童山、石臼山、砖义沟梁、堡子城山、青莲山、凤凰山、屏山、碧城山、天台山。九峰既是离宫的依托和屏障，又是离宫自具殊相的风景特质。特别是宫北碧城山与天台山相属连，宛若九成宫的靠山，碧城山居高凌虚的地相特点使之成为环顾四周的极佳站点，登临碧城山则宫城堪可尽收眼底。

此外，山水相依、川流萦绕是九成宫又一个典型的风景特点。九成宫外有诸水萦带，其南有永安河、山神沟汇入杜水，杜水、北马坊河复汇流于宫城之西。九成宫泉源丰沛，凿石疏泉的空间营造使得离宫与泉源相映成趣，"绝壑为池""跨水架楹"的营造手法也成为唐代园林理水的典型代表。

宫城布局结合山水形胜，以"天台山"为大朝正殿"丹霄殿"的基座，顺势营建大宝殿、咸亨殿、御容殿、排云殿等建筑组群。据史料及考古资料的佐证，丹霄殿正后方为寝宫，二者与正殿前的永光门形成一条控制宫城建筑排布的轴线，而天台山东南角另有东西走向的大殿，四

唐代九成宫（隋代 仁寿宫）大型壁画（局部）

周亦建有殿宇群。此外，城中"并置禁苑及府库官寺等"，完备的朝宫、寝宫、府库及官寺衙署使得九成宫具有完备的政务处理功能。隋唐两代的皇室贵胄在此避暑消夏，帝胄、官贵、文人在其间冶游的诗文虽仅似文学在唐代园林空间上留下的雪泥鸿爪，但也毋庸置疑地反映出九成宫冠绝当时的园林营造。

据《九成宫醴泉铭》载："冠山抗殿，绝壑为池，跨水架楹，分岩耸阙，高阁周建，长廊四起，栋宇胶葛，台榭参差。仰视则迢递百寻，下临则峥嵘千仞……信安体之佳所，诚养神之胜地，汉之甘泉不能尚也……宫城之内，本乏水源……上及中宫，历览台观，闲步西城之阴，踌躇高阁之下，俯察厥土，微觉有润，因而以杖导之，有泉随而涌出，乃承以石槛，引为一渠。其清若镜，味甘如醴，南注丹霄之右，东流度于双阙。"据此可见，

《九成宫醴泉铭》碑（魏徵撰文，欧阳询书）

九成宫确为隋唐皇室为避暑所营之宫，宫室因山就势而建，醴泉萦绕宫室而流，展现出九成宫因地制宜而体势恢宏的空间意象。《陕西古代景园建筑》指出，"冠山抗殿""绝壑为池"即是九成宫独到的营造意匠，《九成宫醴泉铭》作为唐代园林营建实践的一个缩影，折射出唐代风景园林思想到实践的历史盛况。

华清宫

唐代帝王游幸的离宫。位于陕西省西安市临潼区骊山西北麓。华清宫背山面渭，倚骊峰山势而筑，规模宏大，建筑华丽，楼台馆殿，遍布骊山上下。华清池依骊山北麓而建，唐时松柏满山，树木茂盛，一片苍郁，是关中中部一处胜景，"骊山晚照"为关中八景之一。华清宫，即华清池，是陕西著名的温泉之一，唐玄宗每年携杨贵妃到此过冬沐浴。兵马俑与华清池共同成为世界闻名的文物古迹游览区，被列为国家级风景名胜区。

◆ 概述

从西周始，骊山就被开辟为王室游览区。华清宫以北周宇文护所造之皇堂石井（骊山温泉之一）为中心，主要建筑分布在山前洪积扇上，采用东西对称格局，向山上山下展开，组成了一座结构严谨、富丽堂皇的庞大宫殿建筑群，外有罗城缭墙环绕，依地形构成不同的风景单位。

宫殿之间以长廊相通，并有登山夹道和通往长安城的复道。它利用山、川、原三种地形，使各种建筑物高低错落，富有立体效果。华清宫在唐玄宗时期达到鼎盛，成为当时最大的离宫，专供皇帝避寒之用。

随着玄宗的频繁巡幸，华清宫周围商贾聚集，里闾纵横，一度形成长安城东新兴城市。

唐玄宗统治时期华清宫的建筑形制、规模、气势最为壮观，政治、军事、文化、娱乐活动频繁，堪称第二都城。

从文献记载和野外的实际考察中，大抵可知华清宫的范围是南至骊山西绣岭第一峰（即周烽火台），北到今县城北什字，东至石瓮谷（寺沟），西到铁路疗养院西侧的牡丹沟。宫城（即罗城）南至山根，北到今县城南什字，东至东窑村，西到游泳池。

◆ **历史沿革**

相传 3000 年前，周幽王曾在此修建过骊宫。秦始皇时，又以石筑室砌池，称"骊山汤"，又名"神女汤泉"。汉武帝时代（公元前 130年左右）在秦汤基础上又扩建为离宫。唐人张籍《华清宫》诗："温泉流入汉离宫，宫树行行浴殿空。武帝时人今欲尽，青山空闭御墙中。"证实了汉离宫的情景。唐太宗贞观十八年（644）诏将作大匠阎立德营建宫室楼阁，称"汤泉宫"。唐高宗咸亨二年（671）改名"温泉宫"。唐玄宗天宝六载（747），又大肆扩建，治汤井为池，环山列宫室，宫周筑罗城，还修建了新的池台楼阁、诸王十宅、百官衙署和公卿府第，其规模"大抵宫殿包裹骊山，而缭墙周遍其外"，改名为"华清宫"，因宫在温泉边，又称"华清池"。

◆ **建筑**

宫城内有专供皇帝居住的飞霜殿、御汤九龙汤、杨妃赐浴汤海棠汤等重要建筑，共有各种汤池十八处。宫城建筑繁多，较出名的有"十殿""四楼""二阁""五汤""四门"。宫墙和缭墙外有花园、讲武场、毬场等。

唐代华清宫建筑依山面水，鳞次栉比，主要殿舍以温泉为中心，构成华清宫的核心，充分利用有利地形，布设不同类型和用途的楼阁亭榭，与骊山半山建筑辉映一体。建筑参差交错，缭墙逶迤伸延。除宫城（罗城）外，还有缭墙环绕，缭墙之外，又罗列不少建筑，景致异常壮丽。可以看出从九成宫开始到玉华宫、华清宫半山建筑，风格是一脉相承的，还可看到清代颐和园与之相似的传统的延续。同时青松翠柏、荔枝园、芙蓉园、梨园、椒园、东花园等分布其间，把整个华清宫装扮得格外妖娆，景致异常壮丽，清乾隆《临潼县志》称："汤井殊名，殿阁异制，园林洞壑之美，殆非人境。"

宫城外至缭墙区在宫城东西两侧及北布置了许多殿、观、坛、台及花园，与宫城中的建筑物遥遥相望，生机盎然，可以看出从九成宫开始，到玉华宫、华清宫半山建筑，风格是一脉相承的。清代颐和园也是与之相似的传统的延续。

唐玄宗为了游幸时也能观赏名花，除在望京门外植芙蓉外，又于西缭墙外山谷中遍植牡丹，沟因花名曰牡丹沟。若站于缭墙内看花台上，内可观园中芙蓉，外可赏园外牡丹。

◆ 温泉资源

华清池温泉，相传于前780年左右周幽王时就已发现和利用，至今已有2800余年，温泉资源尚存，并广为利用。

由于温泉出水温度及水质成分宜浴，历代帝王及权势人物均利用温泉在此修筑汤池，而以唐玄宗时期修筑汤池的规模较大，沐浴活动兴盛。

◆ 景观园囿

骊山面向华清宫一侧有三峰，最高峰是古烽火台所在地；第二峰上为唐华清宫罗城南门老母殿所在地；第三峰是朝元阁、老君殿所在地。立此殿中，北可遥望渭水蜿蜒东流，两岸田园村市如画；向东可望见秦始皇陵覆斗形的封土。

骊山东西绣岭间为石瓮谷，两侧建有红楼绿阁，唐时有瀑布，飞泉千尺，山深林静，曲道盘空，录致壮丽，可惜今已干涸。

唐时华清池的建设很注意多种功能的融合，把地势利用、功能需要、自然景观、人文景观、品赏饮食等五者结合起来。华清池除已有汤池、球场、斗鸡、先古庙之外，还设有梨园等六园，可赏、可尝、可品。唐代诗人王建在《华清宫》诗："酒幔高楼一百家，宫前杨柳寺前花，内园分得温汤水，二月中旬已进瓜。"这是对风景名胜区建设五结合效益绝妙的描述。

◆ **历史人文景观**

从周幽王戏诸侯娱褒姒的"烽火台"开始，几千年变迁，沉淀了厚厚的历史文化，其中以唐玄宗与杨贵妃的动人传说，几乎成了华清池的主题。唐代诗人白居易作《长恨歌》中说明了华清池的盛衰。如唐杜牧《过华清宫》诗写道："长安回望绣成堆，山顶千门次第开，一骑红尘妃子笑，无人知是荔枝来。"

唐玄宗与杨玉环在华清宫立下的山盟海誓，成为华清池的一大人文景观。但盛极一时的华清宫，被安禄山一把火化为灰烬。今日的华清池建筑分别是在清代、中华民国、中华人民共和国成立后和现代恢复发展旅游文化事业过程中所建。

在近代史中西安事变，张学良、杨虎城等历史人物都有与华清池有关的活动记载。

政府为保护华清池这一名胜古迹，为游人提供洗浴游览场所，从
1959 年增建了九龙池、东花园等建筑群，又增修了新汤池 20 余处，同
时可容百人洗浴。一些机关单位、工商企业还修建了 10 余处温泉疗养院。
在 1986 年时，由于用户过多，而温泉水源没有增加，华清池出现缺水
之患，急需统一管理、合理开发。

1990 年 5 月由国家、陕西省、西安市三方拨款 200 万元，对五汤
池遗迹重建汤池殿宇建筑加以保护。

昆明池

汉代湖沼名。位于陕西省西安市西南，沣水以东。池周 20 千米，
占地面积 3.32 平方千米。

◆ 沿革

汉武帝元狩三年（公元前 120）引沣水注入昆明湖，用以操练水师，
以征伐西南夷越之地。《汉书·武帝纪》："元狩三年春，发谪吏穿昆
明池。"颜师古注引臣瓒曰："《西南夷传》有越嶲、昆明国，有滇池，
方三百里。汉使求身毒国，而为昆明所闭。今欲伐之，故作昆明池象之，
以习水战。"后来逐步变成皇家泛舟游玩之地，也是西汉上林苑的核心
区域。

西汉昆明池经历代修浚，一直保持到唐代。唐张鷟《朝野佥载》卷
三记载，唐中宗时期，长乐公主欲占昆明池为私家池沼，为中宗所拒。
其历史所反映的是，至唐代前期，昆明池大部分已干涸，化为农田。唐

中期以后，文宗、德宗时代曾多次疏浚，试图恢复汉代昆明池景观和水利功能，但终因缺乏常年维护，堤堰多有崩毁，最终全部化作农田。2015 年，西安市启动"引汉济渭"工程，在昆明池原址建设斗门水库，拉开了重新恢复昆明汉苑宏伟工程的序幕。

◆ **布局**

班固《西都赋》有"集乎豫章之宇，临乎昆明之池，左牵牛而右织女，似云汉之无涯"之描述，司马相如《上林赋》有"荡荡乎八川分流，相背而异态"，张衡《西京赋》则称之"日月于是乎出入，象扶桑与濛汜"，皆从昆明池的巨大尺度出发，进而演绎出吞吐日月、包孕八荒的巨大气势，同时也通过其巨大尺度，象征了天河汉苑的巨大规模。《三辅旧事》等文献记昆明池有豫章之馆、桂树之宫，有牛郎织女的雕塑（石公、石婆），以象征银河天汉，成为园林布局中法天象地之典范。《三辅旧事》亦记载昆明池有弋船数十、楼船百艘，船上立戈矛。足见这座巨大的水池平时既有游览泛舟之功用，也作为水师操练之场所，这是汉武帝时代昆明池的最大特色。唐杜甫亦有诗："昆明池水汉时功，武帝旌旗在眼中。织女机丝虚月夜，石鲸鳞甲动秋风。"这是对这座古代城市史上最美人工湖大加赞誉。

◆ **水利**

这座皇家御苑的核心水面最初是为京城用水和农业灌溉所建，其位置选择在沣水、滈水之间，通过武帝初期建于滈水之上的石堰闼（石制拦水坝）蓄水，逐级跌落，最终于昆明池南的石匣村（今存）东汇入昆明池；于昆明池西北开遗留渠，以泄洪水；又于昆明池东开漕渠，通过

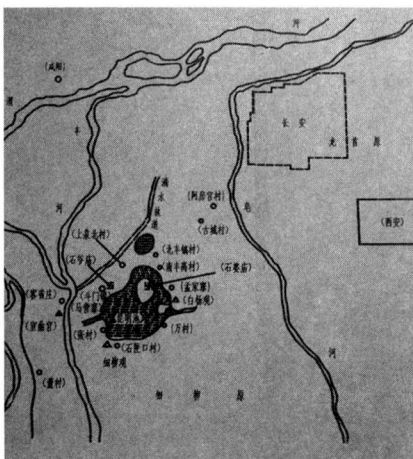

昆明池及周边布局

今西安城北张家堡行政中心与关中漕渠连通，以济漕运，称为"昆明渠水"；再于池北岸设连接渠沟通滈池、潏池，两池之间的便是滈水，其北则被称为滈水支津者，实为潏水北流入渭者。至此，通过一系列的水利工程配合，最终将昆明池打造为具备灌溉、漕运、城市及园林用水以及训练水军等多种用途的综合水系，其后数百年时间，成为关中农业水利的核心枢纽。

太液池

汉、唐时期皇家园林内池沼。又称蓬莱池、泰液池。

◆ 汉太液池

汉太液池位于陕西省西安市未央区苗圃内。汉太初元年（公元前104），长安城柏梁台（汉代皇帝召见群臣商议政务之处）突发火灾，武帝（公元前141～前87年在位）召集群臣于甘泉宫内广纳防火之策，"粤巫勇之曰：'粤俗有火灾，即复起大屋以压之。'帝于是作建章宫，度为千门万户，宫在未央宫西长安城外"（《三辅黄图校正》卷二·建章宫）。建章宫开始施工，挖太液池于其北。

根据文献记载，武帝治太液池的意图可推断为：①实用功能。太液池因柏梁台遭遇火灾而建，为宫廷防火储蓄消防用水，兼顾生活用水。②求仙寓意。柏梁台遇火正值武帝东海寻仙之际，营建建章宫是对神仙的崇拜与希冀，从太液池的"一池三山"，玉石雕琢"龟鱼之属"得以体现。③游乐之用。据《三辅黄图》记载，成帝刘骜（前33～前7年在位）常与皇后赵飞燕乘舟戏于太液池。④汉自高祖刘邦（公元前202～前195年在位）以来即尊奉"非壮丽无以重威"，所以宫殿的营建除了满足帝王的物质生活要求之外，还要以宏伟的规模、壮丽的气势体现统治者的威严。

◆ 唐太液池

唐太液池又称蓬莱池，位于唐长安城大明宫含凉殿以北，沿袭汉太液池，池中有蓬莱、方丈、瀛洲三岛，其中以蓬莱山为最大，"高二万里，广七万里"，绕池周布置亭台楼阁，"蓬莱池周廊四百间"（《旧唐书》），其遗址位于今西安市未央区大明宫乡孙家湾村南。公元634年，唐太宗（626～649年在位）因"西内"太极宫阴湿，便在城东北龙首原上建造永安宫（次年改名为大明宫），随后中断，直到高宗（649～683年在位）于662年重新开始修建并迁入使用，此后唐代共计19位皇帝在大明宫听政长达270余年。自此推测，唐太液池的挖凿时间应介于634年（贞观八年）到662年（龙朔二年）之间。

太液池挖凿以来便深受唐代各朝皇帝的喜爱，池中荷香袭人，素有"太液芙蓉未央柳"之美称。蓬莱岛也成为历代皇帝与其后妃的休闲消暑之地，皇帝在此处理政务之余也常与文臣宴饮赋诗。李白所作《宫中行乐词》中就曾以"莺歌闻太液，凤吹绕瀛洲"一句描述宫人于太液池上歌舞游戏的场景。中国科学考古研究所西安唐城队在大明宫遗址进行多次钻探，确定太液池由西池和东池两部分构成。略成圆形的东池面积较小，约 3.3 万平方米；椭圆形的西池面积较大，约 14 万平方米，现发展成为农田和果蔬种植地。

龙　池

龙池是兴庆宫园林风景区一座广袤的人工水池，是兴庆宫的核心和主景观。位于陕西省西安市碑林区兴庆宫中部偏南。旧称隆庆池、五王子池、兴庆池。

龙池作为"龙兴之地"，对唐玄宗（712～756 年在位）具有特别重要的意义，完全不同于太极、大明两宫中的太液池只是建筑物配景，龙池是兴庆宫的主景观。龙池周围兴建了众多建筑，花萼相辉楼、勤政务本楼、沉香亭、龙池殿等皆环池而建，成为办公、休闲一体化的宫殿风景区。1958 年初，文物考古工作者在对唐长安城地基进行初步探测时，发现了这座水池遗址。经过测量，龙池"东西 915 米，南北 214 米，东偏北 9 度，呈椭圆形，面积 182000 平方米，东距宫东壁 80 米，西距宫西壁 80 米，南距宫南壁 216 米，北距瀛洲门 124 米"，是唐都长安三内中三座人工水池中面积最大的一座。

由于是武则天垂拱、载初（685～690）年间在隆庆坊内形成的一座水池，最初称"隆庆池"。大足元年（701），武则天给李隆基兄弟五人赐宅于隆庆坊隆庆池附近，故又称"五王子池"。唐玄宗即位以后，因隆庆坊之"隆"字和唐玄宗李隆基名字中"隆"字犯讳，改坊名为兴庆坊，隆庆池亦改名"兴庆池"。又因为唐中宗神龙、景龙（705～710）年间，该池常有云气，或见黄龙显身池中，被后人说成是唐玄宗的"龙潜"之地，玄宗即位以后称为"龙池"。

唐玄宗改坊建宫以后，又在龙池周围先后修建了沉香亭、五龙坛、龙堂、水殿等亭台楼阁，栽种了大量芍药、牡丹等名贵花卉，还特意派人取来洞庭湖鲫鱼养于池中。每到春夏百花盛开之际，唐玄宗经常在这里饮宴游乐，赏花观舞，表演百戏。后来，还常与杨贵妃在这里避暑消遣，演绎了动人的爱情故事。

玄宗即位之初，曾率文武百官在龙池畔游乐，由此，众百官上书请修建宫室。开元二年（714）六月初四，左拾遗蔡孚等向玄宗献《享龙池乐章》歌词文集，名曰《龙池篇》，收录王公卿士吟咏龙池诗赋计130篇。太常寺卿选录其中合乎音律者十首，编为《享龙池乐章》。玄宗众兄弟由此上表献宅为宫，可视为兴庆宫兴建的序曲。

唐玄宗移仗兴庆宫听政以后，诏令在龙池南岸设置五龙坛及祠堂，每年二月祭祀龙神。如遇干旱成灾，亦在此祈雨求福。《唐会要》卷22《龙池坛》载，唐玄宗君臣每年仲春祭祀龙堂，已成制度。

从开元二年至二十三年，围绕着龙池一直进行建设，由此可见龙池在玄宗的整个政治生涯中具有非凡意义。

天祐元年（904），朱全忠为了完全操纵朝廷，逼迫唐昭宗将都城东迁洛阳，兴庆宫在这场浩劫中也难以幸免，建筑物遭到了彻底的毁坏，但龙池保留了下来，依然是一处风景区。

陕西省博物馆碑林第三室 775 号宋刻吕大防所绘《兴庆宫平面图碑》，大体上标注了兴庆宫各种建筑表示的立体形象，绘画精致，它是宋代城市、园林地图上唯一注明比例的地图，图中显示龙池仍占据了三分之一的宫殿面积，佐证了唐代文献中的记载。

1956 年，在遗址处发掘了宋刻《上巳日兴庆池禊宴诗碑》，详细记述了宋代文人墨客在龙池畔欣赏风光、吟诗作对的盛况。元代以后，由于不再疏浚龙渠淤塞，致使湖面逐渐缩小，为农田所代替，中华人民共和国成立前已经难觅龙池踪迹。

20 世纪 50 年代，西安交通大学选址于兴庆宫南。与此同时，西安市政府在兴庆宫旧址上兴建了兴庆宫公园，重新开凿"龙池"引水造湖，面积为 100000 平方米，水深 1～1.8 米，形成现在的兴庆湖，再现皇家园林风光，成为西安城市几代市民重要游赏娱乐的城市公园。

陕西西安兴庆宫公园兴庆湖

杏　园

唐代新科进士宴饮庆祝之地。位于陕西省西安市曲江江畔。

杏园因园中遍植杏花而得名，是唐长安曲江江畔众多园林之一。位于隋大兴城东南的曲江地势低洼，自然条件不宜于居住，自隋代即辟为大型城内公共游赏的园林，史称"芙蓉园"，至唐代始改称"曲江"。742年，唐玄宗命人扩大曲江水面，扩建杏园、慈恩寺等区域，使曲江发展为唐长安市民春赏秋游之去处。

"杏"字被赋予文化教育寓意始于孔子创办平民教育——杏坛讲学，因而唐代将杏园作为及第进士游宴场所。"杏园宴"始于唐中宗神龙（705～707）年间，盛于玄宗开元（714～741）之末。宴会当日，整个长安城甚至万人空巷。杏园宴由不同的宴集组成，其中"杏园探花"影响最为深远。活动以进士所摘之花的鲜美程度为标准，并于当年及第进士中挑选两名外形俊美者曰"探花郎"。当选者要遍游城中名园，力求寻得城中名花，并采回供大家欣赏以助兴。探花之日，长安城内大小名园均对游人开放，供人游赏。诗人孟郊曾以"春风得意马蹄疾，一日看尽长安花"描述杏园探花之盛况。有唐代新科进士"杏园宴"之渊源，"杏园"也被赋予深厚的文化底蕴，成为文人墨客笔下描述科考的代名词，诸多诗人均以杏园为诗。

今多指大唐芙蓉园内临近园区北门的杏园，为庭院式仿唐建筑群。杏园作为展示唐代科举文化的一处景点，园门口设三彩马，象征唐代新科进士的拴马桩，门前的"五子登科石"讲述"五子登科"的寓言。杏园有桥，名文杏桥，过桥可见五座石雕牌坊，记录着唐朝科举的五个步骤。牌坊西北的星宿墙上镶嵌了二十八星宿，北斗魁星镶嵌在星宿墙末端墙壁，寓祈福、求学之意。园内建筑群庭院错落，游廊曲折回环，与侧院中许愿池相映成趣。

今临近大唐芙蓉园北门的杏园

甘泉宫

第一座宫、苑结合的离宫御苑，西汉皇帝常居常往之处，西汉举行政治、军事、外交、祭祀活动的重要场所。位于陕西省咸阳市淳化县，占地面积约 600 万平方米。被列为国家级重点文物保护单位。

◆ 沿革

战国时期，甘泉地区（今陕西咸阳淳化县）有云阳宫，秦代有林光宫，西汉时期扩建后的宫观，总名甘泉宫。甘泉宫北依甘泉山，南望长安，其主体建筑于武帝（公元前 141～前 87）时期完成。

秦始皇二十七年（公元前 220），原秦林光宫改建为甘泉宫。《三辅黄图》卷二记载："林光宫，一曰甘泉宫，秦所造，在今池阳具西北甘泉山。宫以山为名，宫周匝十余里。"

甘泉宫为西汉皇帝常往之处，"武帝常以五月避暑于此，八月乃还"（《关中记》）；但凡诸侯朝觐，郡国上计，王师北伐，报捷献俘，单于来降，郊祀上帝，均与甘泉宫有关。因此，甘泉宫的性质不同于一般意义的离宫别馆，可以说是西汉时期仅次于京师长安的政治中心，是"长安之外另一处都城——陪都"。

据《关中记》记载，甘泉宫"有宫十二，台十一"。宫室台观相连不绝，土木之功穷极巧丽，阙之高乃"阴西海与幽都兮，涌醴汩以生川"（《甘泉赋》）。

◆ 园林布局

甘泉宫是建在甘泉山的一座离宫。甘泉山古代为一处天然园林，川岭迤逦，林草繁茂，野兽出没其间，是甘泉苑的中心。甘泉苑是甘泉山西部的苑囿，规模很大。

从外向内，有苑外、苑内宫外、宫内三个层次。《三辅黄图》卷四："甘泉苑，武帝置。缘山谷行，至云阳三百八十一里，西入扶风，凡周围五百四十里。苑中起宫殿台阁百余所，有仙人观、石阙观、封峦观、鳷鹊观。"

甘泉苑的范围，南至淳化县城北，北至石门关，南北距离有31千米，周长总计"五百四十里"，合今270000米。再以甘泉宫为中心对折，可推算出其大致范围：东至铜川，东北角到耀州石柱乡，东南角到铜川市南，西至旬邑、彬州，西北角到彬州北，西南角到永寿县北，占据了关中北缘山前地带的中段，甘泉苑向东已伸入铜川境内。

◆ 遗址

甘泉宫遗址位于甘泉山（今称好花圪垯山）南麓，宽阔宏敞，西至卜家乡米家沟，东至武家山沟，北至北庄子村，南至董家村以南，东西宽约2000米，南北长3000米，于1958年文物普查中始建档案。

现存重点遗址有城墙遗址。其中，南城墙、东城墙、西城墙、北城墙遗迹走向明显，夯土暴露。现存建筑台基全部为夯土所筑，层次分明。两大台基雄峻壮观，远瞩醒目，为通天台遗迹。在通天台上可望见长安城。视线通过山间，其与长安城通视。在通天台正南有两处台基应是门阙遗址。秦代甘泉宫也是秦直道起点之地。

甘泉宫门阙遗址

◆ 遗址勘探

2012 年，经过专家考察论证，国家文物局批准甘泉宫遗址保护规划编制立项。项目为研究秦汉的政治、军事、文化提供了科学的依据。

2014 年，考古调查集中于甘泉宫外墙（2015 年的勘探否定了东城城墙）以外，目的是界定甘泉宫遗址的最远四至，为遗址的航拍、航测做准备，同时了解外墙外遗址的分布与内涵。通过调查确定了同时期遗迹 12 处，包含陶窑遗迹两处、夯土墙遗迹一处、墓葬封土或建筑台基 42 座。此次调查发现最多的是圆形或者不规则土丘，数量达 42 座，最高者 10 米，皆位于甘泉宫遗址南部距核心区域 2 ～ 9 千米，有的夯层明显，有的不明显，依据采集陶片断定当为西汉时期。甘泉宫外墙外遗址的调查，不仅明确了甘泉宫遗址的最远四至、墙外遗址分布规律，证实了遗址范围超过 1000 万平方米，也为探讨秦直道与甘泉宫遗址的关系、山前宫殿建筑的防洪设施等提供了有益线索，对甘泉宫遗址本身内涵的判断也有帮助。

2015 年完成了甘泉宫遗址 8 平方千米范围的无人驾驶机拍摄及 2 平方千米的 1：2000 地形图测量。截至 2015 年底，完成普探面积 40 万平方米、重点勘探面积 10 万平方米。发现围绕一号、二号墩台（通天台）分布的 5 处大型建筑遗址以及多处遗迹现象，包含夯土基址 150 处、柱础石 177 个、石砌基址 6 处、踩踏面 4 处、鹅卵石散水 3 处等。根据建筑基址平面形制、分布位置，初步判断为一处坐北朝南、带围墙、等级较高的宫殿建筑。

玉华宫

唐代颇受唐太祖、太宗青睐的消夏离宫。始建于唐高祖武德七年（624）。位于陕西省铜川市郊区西北 42 千米的玉华山麓。1992 年，玉华宫遗址被公布为陕西省省级重点文物保护单位。

◆ 沿革

此地夏有寒泉，地无大暑，至今仍是关中地区风景名胜和避暑佳地。

玉华宫初名仁智宫，贞观二十一年（647）扩仁智宫为玉华宫，永徽二年（651）废宫为玉华寺。玉华宫跨凤凰谷、珊瑚谷、兰芝谷三大谷区，累计正宫、西宫、东宫三组建筑群，五座宫门，九处殿宇。"疏泉抗殿""包山通苑"等匠作技艺诠释了唐代风景园林营造的历史高度。

玉华宫自唐武德七年（624）至唐永徽二年（651），其间历太祖、太宗、高宗凡三易朝纲，成为唐早期宫变发生地。唐武德七年，高祖李渊巡幸"仁寿宫"，皇太子（息隐王）李建成宫变谋反。此次宫变虽迅速平息，但也为"玄武门"宫变埋下伏笔。此外，玉华宫诏改玉华寺之后，寺中还设有唐三藏法师玄奘"逐静翻译"的佛经译场，诸如《瑜伽师地论》《大般若经》等佛教经典即曾在此地译出并受润。唐中晚期，玉华寺毁于兵燹。

◆ 建筑布局

《玉海》记载：唐太宗"以频造离宫终费人力"，因此效法唐尧"茅茨不翦"，以标榜营造离宫的旨趣为"意在清凉，务从简约"。但是据文献显示，玉华宫并非全为茅茨土阶的建筑，仅在皇太子居所嘉里门内的部分建筑"葺之以茅"。唐太宗在授意营建玉华宫时，虽赞叹"上代无为，檐茅而砌土"，但同时提出："尧时无瓦盖，桀纣为之。朕今构采椽于椒风之日，立茅茨于有瓦之时，将为节俭，自当不谢古者"。在"务从简约"的营造原则下，玉华宫仅一年时间即告完成。

据佟裕哲考证，玉华宫凡"九殿五门"，九殿为玉华殿、排云殿、庆云殿、晖和殿、紫微殿、嘉寿殿、肃成殿、明月殿、庆福殿；五门仅考得其四，分别是南风门、嘉礼门、金飙门、显道门。今玉华河北岸与玉华村之间，有一大片平地、台地，南自凤凰山余脉南山口，北至玉华村北，为一前低后高、台地式中轴线，玉华宫群殿沿南北中轴线对称排列。东西流向的玉华河与中轴线交点的河北岸正门，名南风门。南风自山口可以直吹北门，穿南风门，为正殿玉华殿，再向北依次是排云殿、庆云殿、肃成殿。中轴线西侧，有庆福殿、紫微殿和显道门，东侧有嘉寿殿和金飙门、晖和殿、嘉礼门以及官曹署寺。

玉华宫正宫的自然景观以苍松石崖和悬泉石窟为特色。玉华宫兰芝谷的肃成院还是一处佛经译场，唐三藏法师玄奘在此译出《大般若经》20 万颂，并于麟德元年（664）圆寂于此。据宋张缙《游玉华山记》载："诏沙门玄奘者译经于此。中有石岩，崭然天成。下有凿室，可容数十人。有泉悬焉，势若飞雨。有松十八，环其侧，皆生石上，端如植笔。"谷中有巨石讲经台，佟裕哲 1989 年实地踏勘时尚存古松 20 余株。

玉华宫西宫地处珊瑚谷，为玉华宫之太宗别殿，称紫微殿（共有13 间）。前有一门称显道门。当年紫微殿，"文瓷重基，高敞宏壮"，很受太宗皇帝青睐。太宗每次到玉华宫避暑，都来这里游乐。后人称谷中悬崖为"驻銮崖"。西宫为一高大峭壁，壁崖顶至谷底约 60 米。山崖中腰有一层石窟，石窟上面有泻瀑，名曰"水帘"，又名"飞泉瀑布"。瀑布泻地成溪，流入玉华河。瀑布跌落处有泉，冬季来临瀑布又呈现为乳色冰帘，崖底堆流积成玉色巨大冰柱。根据每年水量之大小，冰柱成天然冰雕，造型各异，直至第二年 4 月冰才融化。珊瑚谷形似 100 米宽、60 米高的圆瓮，四季不进阳光，呈一天然消暑冷谷，成为关中奇景之一。

东宫位于玉华山东部郭玉沟内，在太子所居晖和殿之后，为"官鞞署寺"之所在。石崖与石室呈半环形面向东南，其景观与正宫、西宫相似，只是山谷更为幽深，林木更为蓊郁。

现玉华林区包括三宫所在周围的山川谷地，共为 29.81 平方千米，其中林地占 20.46 平方千米，森林覆盖率达 70%。现林相以油松为主，间有栎、杨、白桦混生林。经济林木主要有核桃、苹果、杏、桃等。灌木主要有黄蔷薇、丁香、酸枣、荆条、锦鸡儿、沙柳、沙棘等。名贵树种有七叶树，又名娑罗树。林中野生药材有 60 余种，以丹参、苍术、茵陈、毛柏子、黄芩、远志、黄芪、柴胡、山枝仁、茜草、连翘等较多。野生动物有黄羊、狐、兔、野鸡、獾、野猪等。林中土地肥沃，雨量充沛，适宜于油松生长。现有林区大多属天然次生林，具有良好的生态环境，玉华川年流量为 0.0067 米³/秒，向东流入沮河，再入洛河。但玉华河流量渐小，出现缺水迹象。

◆ **风景园林特征**

据《建玉华宫手诏》载，玉华宫风景园林特征主要体现在两个层面：在山水层面撷取翠微山"峰居隘乎蚁睫，山迳险乎焦原"的风景特征，在园林营造层面则采取"本绝丹青之工，才假林泉之势"的态度。翠微山的山水特征与玉华宫的园林营建相得益彰，其"疏泉抗殿""包山通苑"的营建手法成为唐代园林营建的典型代表，同时也对后世皇家园林影响深远。据《册府元龟》载："匠人以为层岩峻谷，玄览遐长，于是疏泉抗殿，包山通苑。"由此可见，玉华宫在施工时因地制宜，顺势而建，形成一座建筑与自然环境融为一体、别具自然之趣的离宫。

玉华宫由将作大匠阎立德监造，在宫室营造时能相地之宜，"即润疏隍，凭岩建宇"，匠作技艺凝聚了唐人巧思，堪称百代营建的匠心楷模。唐代宫室以闳大著称，玉华宫虽"尊意于淳朴"，但却能因山借水

"假林泉之势"，营造出一区"凭岩建宇""疏泉抗殿"的离宫佳构。玉华宫所处之地"层岩峻谷，玄览遐长，于是疏泉抗殿，包山通苑"，隋唐园林营建中蕴含了"顺势而为"的空间哲学，无论"冠山抗殿"抑或"疏泉抗殿"，皆是中国匠作史上因地制宜、顺势而为的旷世佳构。"疏泉抗殿"作为玉华宫独具匠心的空间表征，在一定程度上展示出唐代皇家匠作"因山借水"、与山川同构的营造意匠。

柏梁台

中国汉代台苑，因其上宫室以香柏为梁得名。位于陕西省西安市未央区。今已无存。

据《史记·平准书》记载，汉武帝元鼎二年（前 115），于秦旧苑上林"大修昆明池，列观环之。治楼船，高十余丈，旗帜加其上，甚壮。天子感之，乃作柏梁台，高数十丈。宫室之修，由此日丽"。可见，柏梁台这一巨大台苑的建造是汉武帝时代长安城大规模建设的开端和标志。其位置应西傍未央宫西宫墙，与西城墙仅隔 30 米，以高大的夯土为基，上建有大量宫苑，其宫殿以香柏为梁，其香闻十里，因以为名天下。柏梁台东临未央，北瞰上林，是以高台为山，最适合登高远眺长安城和西南上林苑，是近瞰未央沧池，远眺上林昆明池的最佳观景点。台成之后，汉武帝"尝置酒其上，诏群臣和诗，能七言诗者乃得上"。其赋诗登台者领风气之先，因之而得"柏梁体"之名。后世更以"柏梁"为宫殿之概称。柏梁台建成仅十一年，其上的大规模宫殿即为大火所毁。武帝朝受甘泉宫，其间有方士进言："越俗有火灾，复起屋必以大，用胜服之。"于是作建章宫，度为千万门户。前殿度高未央。是谓梁既灾，建章是经。柏梁之典记于《史记·封禅书》，后世引为宫苑兴废之叹。

六国宫

秦都咸阳早期宫殿。位于陕西省咸阳市。

《史记·秦始皇本纪》记载："秦每破诸侯，写放其宫室，作之咸阳北阪上。"意即，在统一战争中，秦每灭一国，便将其宫殿拆卸，并运回咸阳，重新组装，"放"于渭北咸阳的高坡之上。又据《后汉书·皇后纪》中记载，"秦灭天下，多自骄大，宫备七国。"这座据"七国"之盛的庞大宫苑，北据咸阳高坡，南临渭水，居高视下，气势磅礴。据《史记·秦始皇本纪》，六国宫建筑"自雍门以东至泾渭，殿屋复道周阁相属，所得诸侯美人、钟鼓以充入之"。从雍门一直延伸至渭水之滨，各个宫殿建筑之间以阁道（即天桥）相连属，可见当时的宫殿是在一层层的台地上建造，为避免建筑之间上上下下穿梭之苦，故以阁道飞廊相连接，以方便各殿之间交通。这种做法一如后来建筑阿房宫的样式以及汉代"斩龙首"而建未央的样式。这些宫殿大多依据了天然山地，削平山顶，据山为殿，称之"冠山抗殿"，即以山为台，据高而为殿宇。这种做法免去了修建大型夯土台基，不仅大量节约了人工，而且达成了人工所无法企及的巨大规模和空间气势，而用以连接这种巨型台地宫苑的便是屡见于文献记载的"阁道""复道"。同时，在其间十年统一战争中收罗的天下奇珍，美人钟鼓也尽数收藏于六国宫中。

始皇帝能够"写放"六国宫殿，反映出中国传统木构建筑纯用榫卯、拆装自如的结构优势。正因为中国古代木构建筑纯用榫卯连接，不用钉胶，所以拆卸拼装乃至运输都极为方便，可以在基本无损条件下，多次拆卸和异地组装，类似今日孩童所玩的积木，这在世界建筑历史长河中都堪称绝无仅有。同时，始皇帝"写放"而非焚毁六国宫殿，而在咸阳高坡上将其一一组装，再现于未来天下共同的首都，不仅反映出始皇帝包孕四海的雄心抱负，也展现出作为华夏民族首个中央集权王朝的独特的理性光芒，相比于秦代以后各朝皆以毁灭前朝宫殿为"压胜"（俗称"堕宫"）的陋习，中国"秦"与最后一个中央集权王朝"清"是其中少有的、不以毁堕前朝宫殿为胜的时代。

六国宫最终毁于项羽屠灭咸阳的战火。《史记·项羽本纪》（项羽）"烧秦宫室，火三月不灭"，这里所说的"秦宫室"指的并非人们常说的阿房宫，而是包括六国宫在内的秦都咸阳北坡的巨大宫殿群。《史记》称大火三月不灭，虽云夸张，但也足见当时咸阳北坡的六国宫殿群规模之大。

上林苑

秦汉两朝的皇家苑囿。今已无存。

◆ 沿革

原为秦国旧苑，秦始皇时扩充为上林苑。其四至界址，南至终南山北坡，北界渭河，东到宜春苑，西达盩厔。汉上林苑比秦时更为侈丽，无论在水系、建筑、植物等景象空间，抑或在府库诸司等功能空间，均堪称史上空前、规模宏大的皇家苑囿。秦上林苑主要建筑群为阿房宫，以复道连接咸阳宫和骊山宫，其功能尚不完备；汉上林苑相较秦时则闳巨更胜，苑中原野浃莽，"八川分流"，宫观楼台弥山跨谷、点缀其间，珍禽异兽、名果莳花散布林麓，蔚为大观。同时，上林苑还兼具军事、水利、畋猎、渔利等功能，如昆明池即开创了史上在苑林之中操练水军的先河。

◆ **布局**

上林苑地跨长安（今陕西西安）、咸宁、盩厔（今陕西周至）、鄠县（今陕西西安鄠邑区）、蓝田，纵横 300 里，有灞、浐、泾、渭、沣、滈、潦、潏八水出入其中。秦上林苑历史汗漫，自宋以来即难以考证其边界，如《雍录》载："秦之上林，其边际所抵，难以详究矣。"汉上林苑虽在秦苑之上增广，但其以山水为边界的历史景象却在文献记载中有迹可循。汉上林苑原野浃莽"八川分流"的自然景象，扼要地将关中典型的水景之胜和侈丽堂皇的宫室建筑经营于苑林之中。司马相如在《上林赋》中描写了上林苑中美丽的大自然景物和豪华精美的宫室建筑。从地貌上说，原野浃莽，关中八川出入其中，河湖港汊交错纵横，更有崇山矗立，崭岩参差，形成自然山水之胜。植被既有长千仞、大连抱的深林巨木，也有垂条扶疏、落英缤纷的珍奇花木，以及广大原野上蔓生的奇卉异草。既有各种水禽成群相聚在河湖川泽，又有各种野兽繁衍滋生在浓密的大森林中。

上林苑规模宏大，其中不仅有"八川分流"的水系景象，还有众多池沼分布其间，见于史载的有昆明池、镐池、祀池、麋池、牛首池、蒯池、积草池、东陂池、当路池、太一池、郎池等，尤以昆明池最为知名。昆明池即文王灵沼后身。据《汉书》所载，汉武帝穿凿昆明池的明确记载始于元狩三年（公元前 120），"身毒国可数千里……而为昆明所闭。天子欲伐之，越嶲昆明国有滇池，方三百里，故作昆明池以象之，以习水战，因名曰昆明池……元狩三年减陇西、北地、上郡戍卒之半，及吏弄法者，谪之穿此池……"昆明池的记载在历世的文献誊修中小有出入，至清代已漫汗不清，时人仅描述其四至而对其面积略而不录。《嘉庆长安县志》载昆明湖"北极丰镐村，南极石匣，东极园柳坡，西极斗门"，即为历史语境下官方志书中最新而确切的四至范围。昆明池亦兼有游观和渔利等附属功能。昆明池在上林苑中不但开启了军事、水利、游观与渔利多举的营建方式，而且对后世园林与水利、军事并举的营建方式产生了积极影响。

上林苑建筑恢宏，宫观楼台弥山跨谷。早在秦时，上林苑舆区即被视作"帝王旧都"，秦始皇营朝宫于苑中，朝宫亦即阿房宫。此外，上林苑在秦时即已不止于帝王宫室，其所承载的"斋戒"功能，为汉上林苑兼具避时、求仙等功能埋下伏笔。秦上林苑已然兼具"斋戒"之所，而汉上林苑更兼有"避时"之区。《长安志》载："上林苑门十二，中有苑三十六。"其中较有名的有供游憩的宜春苑，供御人止宿的御宿苑，为太子设置招宾客的思贤苑、博望苑等。有大型宫城建章宫，还有诸如演奏音乐和唱曲的宣曲宫，观看赛狗、赛马和观赏鱼鸟的犬台宫，引种西域葡萄的葡萄宫和养南方奇花异木如菖蒲、山姜、桂、龙眼、荔枝、槟榔、橄榄、柑橘之类的扶荔宫。此外还有 35 观，据《三辅黄图》载：
"上林苑有昆明观，武帝置。又有茧观、平乐观、远望观、燕升观、观
象观、便门观、白鹿观、三爵观、阳禄观、阴德观、鼎郊观、椒木观、
椒唐观、鱼鸟观、元华观、走马观、柘观、上兰观、郎池观、当路观，
皆在上林苑。"此外有记载的还有承光宫、储元宫、阳德观等。

上林苑为天子府库，苑中会聚了臣下进贡的珍禽异兽、名果蓗花等，
其标奇立异之景，蔚为大观。据《三辅黄图》载："帝初修上林苑，群
臣远方，各献名果异卉三千余种植其中，亦有制为美名，以标奇异。"
《西都赋》载："西郊则有上囿禁苑……其中乃有九真之麟，大宛之马，
黄支之犀，条枝之鸟。逾昆仑，越巨海，殊方异类，至于三万里……尔
乃盛娱游之壮观，奋泰武乎上囿。"又据《西京杂记》载，上林苑有臣
下进贡、远献的名树异果"三千余种"，亦记载了相当数量以植物命名
的宫观舆区，诸如葡萄宫、青梧观、竹圃等。

除了供皇家游猎、娱乐外，上林苑还具有农业生产、试验和推广的

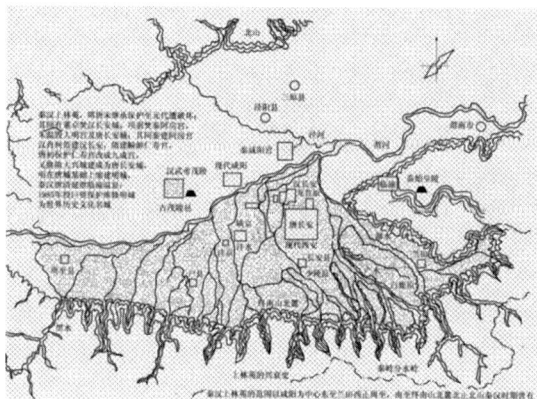

上林苑平面图

功能，成为国家的农业生产基地及引进新品种的培育中心、传播中心和推广基地，在秦汉以农为主的社会中发挥了重要作用。

上林苑功能繁复，有完备的管理官员。苑

中设上林令、丞，主掌上林苑务；其下设水衡都尉，掌管上林诏狱；再下各置啬夫，主管犬台、兽圈等事。

上林苑是秦汉皇家苑囿的集大成者。其上承文王灵囿之余绪，下启隋唐宫苑之先风，揭示了中国皇家园林滥觞于秦汉、渐兴于后世的学界史实。

河北皇家名园

华林苑

东晋后赵太祖石虎于建武十四年（348）所筑园林，初为曹魏的郊猎园。位于河北省邯郸市临漳县。现无遗存。

据载，347年，石虎听信沙门（和尚）之言，奴役民众16万人（一说60万人），车万乘，筑长墙连亘数十里，建华林苑。苑中三观四门，其中三门通漳水。

石虎以五月发五百里内民万人，筑华林苑，垣在宫西，周环数十里。群臣或谏，虎不从。到八月，天暴雨雪，雪深三尺，作者冻死数千人。太史奏："作役非时，天降此变。"虎诛起部尚书朱轨，以塞天灾。

苑中又有华林园。乐史《寰宇记》说："季龙于华林苑植人间名果。作虾蟆车箱，阔一丈，深一丈，合土栽车中，所植无不生。"《邺中记》云："华林苑有春李，春华秋实。石虎园中有西王母枣，冬夏有叶，九月生花，十二月乃熟，三子一尺。又有羊角枣，亦三子一尺。石虎苑中有勾鼻桃，重二斤。石虎苑中有安石榴，子大如碗盏，其味不酸。"石虎凿北城"引彰水于华林苑"。华林园中彰水流过，水汇为天泉池，水边作有堤，堤上有铜雕。《太平御览·临池会赏》中说："华林园中，千斤堤上，作两铜龙，相向吐水，以注天泉池，通御沟中。三月三日，石季龙及皇后、百官宴赏。"由上知，石虎华林园是一个水木交翠的果木园，有生产水果功能，又有春三月的美景，园林雕塑点缀其中。

仙都苑

北齐皇家宫苑。位于河北省临漳县西。旧称华林苑。北齐武成帝（561～565年在位）时，因园中景色优美，若神仙所居，遂改华林苑为仙都苑。苑中封土为五岳，隔水相望，五岳之间，分流四渎为四海，汇为大池，又曰大海。其中，中岳高山北有平头山，平头山依水而立，东边有轻云楼，西边有架云廊十六间。南有峨嵋山，峨嵋山东有鹦鹉楼，西有鸳鸯楼；峨嵋山之南有凌云城，向西有御道，通天坛。北岳南有玄武楼，楼北有九曲山，山下有桃花池，池西有三松岭。还有七盘山及其诸峰，东有散日，西有隐月，东北有停鸾岭，西北有驻鹤岭，还有含霜障、白露岭。海中有四大岛：连壁洲、靡芜岛、杜若洲、三休山。三休山北有悲猿峰，西有忘归岭，南有黄雀岩。

在大海中的四岛和海边布置着旅居的离宫、朝拜的殿堂和观阁建筑。海北有飞鸾殿，海南有御宿堂。海中连壁洲上有七盘山，山上有紫薇殿，东有宣风观，西有千秋楼，又有游龙观、大海观、万福堂，均沿海而立。西海有望秋观、临春观，在海两岸相对而立，隔水相望。海中有万岁楼和水殿，北海边有密作堂。

海中的水殿是一组围合建筑。殿十二间，进深四架，平座广二丈九尺（8.11米），基高二尺四寸（0.67米），一门八窗。殿脚放在两只船上，上作四面步廊，周回四十四间，进深三架。大海北的飞鸾殿，十六间，进深五架。连壁洲上有紫薇殿，殿一侧有万福堂。北海边上的密作堂是一座三层水上建筑。御宿堂前有白樱桃两株，又有勾鼻桃二株。紫薇殿北有修竹浦，即竹林。

万岁楼西有长楸马埒，是每岁春秋宫中嫔妃跑马射箭之处。

苑中还设有"贫儿村"与"买卖街"。《彭德府志》载："齐后主在天统末，于密作堂侧率诸内人、阉官作贫儿村，编蒲为席，剪茅为房，断经之荐，折箦之床，故破靴履，糟糠饮食，陷井藜灶，短匙破厂，篱檐不避风雨。纬与诸嫔妃游戏其中。傍作一市，多置货物。纬躬为市，含胡妃坐店卖酒，而令宫人交易其中，往来无禁，三日而罢。"是宫苑中设"买卖街"的首例。

避暑山庄

中国现存规模最大的清代皇家宫苑。位于河北省承德市区北部，占地面积44公顷。始建于清康熙四十二年（1703），于乾隆五十五年建成。1994年，避暑山庄及周围寺庙被列入《世界遗产名录》。又称热河行宫、承德离宫。

◆ 相地

清康熙二十年，清朝在平定三藩叛乱后，即把注意力转向北方，准备解决东北、漠北、西北的边防问题。为加强和管理边防，设置了"习武绥远"的"木兰围场"。从北京至围场路途遥远，要建一系列行宫。
同时，吸取前代处理北部边疆问题、民族问题的经验和教训，摒弃修长
城、分兵戍守的军事隔离手段，代之以怀柔结好蒙古贵族，实行"边境
自固"的积极防御政策。木兰围场和口外行宫（包括避暑山庄）的建立，
是玄烨边防政策的一个重要环节。承德南近北京，地理位置相当重要。
在承德建行宫，可就近召见避痘的蒙古贵族，施行其"施恩于喀尔喀，
使之以防朔方"为主的民族政策和边防政策，这是玄烨安邦治国的一个
战略决策。

　　承德位于内蒙古高原与华北平原的过渡地带，是燕山山脉中若干
处盆地之一。避暑山庄位于盆地偏北部，自北向南有武烈河穿流而过，
西、北山地层峦叠嶂，有以主要树种命名的松云峡、梨树峪、榛子峪
等多条东西向峡谷，具有独特的山林景色。每道峡谷中，清流萦绕。
东有磬锤峰巍巍独峙，原始风貌呈现众山环抱之势，富有塞外少有的
江南山水韵味。

　　康熙四十一年，玄烨第 21 次出塞，进驻热河下营，为建立行宫，
亲赴现场勘察地形，十分钟情于该地域。在《避暑山庄记》中，他这样
描述："朕数巡江干，深知南方之秀丽；两幸秦陇，益明西土之殚陈。
北过龙沙，东游长白，山川之壮，人物之朴，亦不能尽述，皆吾之所不
取。"他作了这些对比后，以他的阅历和才华做出相地后的选择："热
河道近神京，往还无过两日，地辟荒野，存心岂误万几。因而度高平远
近之差，开自然峰岚之势；依松为斋，则窈崖润色；引水在亭，则榛烟
出谷，皆非人力之所能；借芳甸而为助，无刻桷丹楹之费，喜泉林抱素

之怀。静观万物，俯察庶类，文禽戏绿水而不避，麋鹿映夕阳而成群，鸢飞鱼跃，从天性之高下，远色紫氛，开韶景之低昂。"如此自然山水条件，是玄烨相地之要义。他在《芝径云堤》题诗中写道："自然天成地就势，不待人力假虚设。"避暑山庄的天然形胜"阴阳相背，爽垲高朗，其间灵境天开，气象宏敞"（《钦定热河志·行宫》）。

◆ 沿革

在康熙时期，避暑山庄的建设可分为两个阶段。

第一阶段从康熙四十二年起到康熙四十七年止，热河行宫基本建成。这一时期，工程重点是开拓湖区，堆叠湖岛堤岸。湖区共挖掘 6 处水面，包括半月湖、西湖、澄湖、如意湖、上湖、下湖。湖区的开拓疏浚，与洲岛、堤岸的堆叠布局同时进行。随着岛屿的形成，岛上的宫殿和湖畔的亭榭

也逐步竣工，如水心榭。1708年随玄烨赴山庄的大学士张玉书描述："登舟泛湖，湖之极空旷处与西湖相仿佛，其清幽澄洁之胜，则西湖不及也。"他还就其所见，列举了热河行宫 16 景。

水心榭

第二阶段是 1708 年以后，玄烨在口外活动的时间显著加长。"朕驻跸清暑，岁以为常，而诸藩来觐，瞻礼亦便"。遂大力扩建行宫，以备 60 岁生日时祝寿。这一阶段的工程主要是：

①修建正宫。原宫殿区设在四面环水的如意湖，布局错落有致，但

范围较窄,不够宽敞、规整。此时改在万壑松风西南处。康熙五十年正宫竣工。是年,玄烨写了《避暑山庄记》,将四字题名的景点组成避暑山庄 36 景。36 景成景之年,亦正好是弘历出生之年。

②开辟东湖区。1708 年前湖区只有 6 处水面,以后又增辟东湖区(又称外湖)的两处水面:银湖和镜湖。

③修建宫墙。宫墙修建时间为康熙五十二年。修筑宫墙的钱,来自惩罚贪官的罚没收入。

④修建寺庙。康熙五十二年,正值玄烨 60 岁。应祝寿的蒙古王公的要求,在武烈河东修建了溥仁寺、溥善寺,又称前寺和原寺,俗称喇嘛寺。

康熙六十一年玄烨去世。胤禛称帝后忙于国事,并注重节约,充实国库,所以没有出巡,也没有去木兰围场和避暑山庄。

雍正十三年(1735)胤禛去世,弘历即位。乾隆五年(1740)前,没有离开过北京。从这年开始,举行"习武绥远"的"秋狝大典"。乾隆十六年(1751)以后每年都去,在塞外的 4～5 个月时间都在避暑山庄居住,庄内的扩建工程开始。工程分为两个阶段。

①乾隆六年至十九年,宫殿区的扩建和题名乾隆 36 景。改建正宫,兴建东宫,在山庄的正南面修建丽正门。在修建中,弘历效仿其祖父,组成乾隆 36 景。弘历于乾隆十五年在《再题避暑山庄三十六景诗序》中写道:"今年敬奉安舆,来驻于此……机政之余,登临揽结,乃知三十六景外,佳胜尚多,幸而录之,复得三十六景,各题二十八字,其中有皇祖当年题额者,亦有迩年新署名。"其中 16 景为康熙时修建而未题名;6 景为康熙时已建,弘历时扩建或补题;3 景为自然景观,康

熙时已具备，弘历分别立竖碑，即万树园、试马埭、驯鹿坡。

②从乾隆二十年至乾隆四十七年，在山庄外围建立了 12 座寺庙；山庄内部，在平原区、湖区、山区兴建了多项工程。除兴建了 20 处景点外，山庄内又建了 9 座寺院。乾隆二十八年疏浚湖区，兴建文园、文津阁、戒得堂、烟雨楼、花神庙等。从乾隆二十五年开始，山区的建设工程全面铺开，使风景点延伸至每个角落。利用山区的台地、山崖、山坡、山脊、山峰等不同地形，因势利导，创造了多处景区，至乾隆四十年已基本完成，乾隆五十七年全园进入扫尾工程。

◆ 布局

避暑山庄分为宫殿区、湖泊区、平原区、山岳区。山庄面积 564 公顷（5.64 平方千米），其中山区面积约为 430 公顷，湖区面积约 80 公顷，平原面积约 50 公顷。山庄内部景点 110 多处，蜿蜒起伏的宫墙达 10 公里。山庄外围还有寺庙群（外八庙），共占地面积 44 公顷。

宫殿区

位于山庄的南端，包括正宫、松鹤斋、万壑松风和东宫四组建筑群。正宫在宫殿区西侧，是清代皇帝处理政务和居住的主要所在。按"前朝后寝"的形制，由九进院落组成，布局严整，建筑外形简朴，装修淡雅。主殿澹泊敬诚殿，全部用四川、云南的名贵楠木建成，素身烫蜡，雕刻精美。正宫全组建筑基座低矮，梁枋不施彩画，屋顶不用琉璃。庭园的大小、回廊的高低、山石的配置、树木的种植尺度合宜，使人感到平易亲切，与北京巍峨豪华的宫殿形成明显的差别。松鹤斋在正宫之东，由七进院落组成，庭中古松耸峙，环境清幽。万壑松风在松鹤斋之北，是乾隆幼时读书处，6幢大小不同的建筑错落布置，以回廊相连，富于南方园林建筑特色。东宫在松鹤斋之东，已毁于火。除"卷阿胜境"已修复外，其余仅存遗址。

湖泊区

湖泊区是山庄风景的重点。位于宫殿区之北，为大小洲屿分隔成形式各异、意趣不同的湖面，用长堤、小桥、曲径纵横相连。建筑采用分散布局手法，园中有园，每组建筑都形成独立的小天地。山庄72景，有31景在湖区。在较大的岛屿或地段，布置了严谨的四合院式的封闭空间，如"月色江声""如意洲"，这里是皇帝宴饮和会客的地方。在较小的岛屿或地段，则结合地势布置楼阁，如金山、烟雨楼等。湖泊区许多景点都具有江南园林特征，但建筑本身又是北方形式，叠石也以北方青石为主，这些都与浑厚的自然景色和谐统一，形成独特的园林风格。整个湖区为远山近岭所环抱，园内山岭屏列于西北部，园外东南部形状奇特的磬锤峰、罗汉山、僧冠峰，隔武烈河与山庄相望。承德外八庙中的普宁寺、普乐寺、安远庙隐现于群峰之中。这种借景手法增加景物层次，使湖区景观更为丰富多彩。

避暑山庄湖泊区

平原区

湖区北岸分布"莺啭乔木"等4座亭，是湖区与平原区的过渡，又是欣赏湖光山色的佳处。其北为辽阔的平原区，过去古木参天，碧

草如茵；草丛中驯鹿成群，
野兔出没，煞似草原风光。
试马埭曾是表演摔跤、进行
赛马的地方。万树园原为蒙
古牧马场，乾隆时在此搭建
蒙古包，宴请少数民族首领
和外国使节。平原西侧山脚

平原区

下坐落的文津阁，按照宁波天一阁布局修建，曾珍藏《古今图书集成》
和《四库全书》各一部。

山岳区

山庄西北部自南向北山峦起伏，松云峡、梨树峪、松林峪、榛子峪
等通往山区。这里原有很多园林建筑和大小寺院，均已损毁，现存"锤
峰落照""南山积雪"和"四面云山"三亭系后来修复，三亭扼守山庄
的北、西北、西三面山区。随地势增高，视野不断扩大，不仅可俯瞰湖
区景色，且与园外远山呼应。每当夕阳西下，从"锤峰落照"可直望落
日余晖中高耸的磬锤峰；至若冬雪初霁，从"南山积雪"可远眺雪中起
伏的南部群山；而从"四面云山"则可在淡云薄雾中一览周围崇山峻岭
在不同的时间和条件下构成情趣各异的壮丽图画。

山庄72景

康熙五十年康熙御题36景四字景名。弘历在乾隆十九年，仿祖父
36景题名，将玄烨题额而未入图的景点、已建而未题名的景点和乾隆
时所建的景点一起，以三字题名乾隆36景（见表）。

类别	景点名
康熙御题 36 景	烟波致爽、芝径云堤、无暑清凉、延薰山馆、水芳岩秀、万壑松风、松鹤清樾、云山胜地、四面云山、北枕双峰、西岭晨霞、锤峰落照、南山积雪、梨花伴月、曲水荷香、风泉清听、濠濮间想、天宇咸畅、暖流暄波、泉源石壁、青枫绿屿、莺啭乔木、香远益清、金莲映日、远近泉声、云帆月舫、芳渚临流、云容水态、澄泉绕石、澄波叠翠、石矶观鱼、镜水云岑、双湖夹镜、长虹饮练、甫田丛樾、水流云在
乾隆 36 景	丽正门、勤政殿、松鹤斋、如意湖、青雀舫、绮望楼、驯鹿坡、水心榭、颐志堂、畅远台、静好堂、冷香亭、采菱渡、观莲所、清晖亭、般若相、沧浪屿、一片云、萍香泮、万树园、试马埭、嘉树轩、乐成阁、宿云檐、澄观斋、翠云岩、罨画窗、凌太虚、千尺雪、宁静斋、玉琴轩、临芳墅、知鱼矶、涌翠岩、素尚斋、永恬居

实际上避暑山庄的景点有 110 多处远超过 72 景，如湖区的烟雨楼、山区平原交界处的文津阁、扩居湖区所见的文园狮子林等，其景观价值远超过 72 景中的一些景点。但弘历因不超越祖制，故只能以三字命名的 36 景续名。

烟波致爽

为康熙 36 景之第一景。位于正宫澹泊敬诚殿之后，为清帝来山庄时的寝宫。建于康熙四十九年（1710）。建筑面阔 7 间，室内布置精巧富丽，雨后初晴之时，宫外烟波荡漾，赏心悦目，神清致爽。玄烨谓此"四围秀岭，十里澄湖，致有爽气，云山胜地"。咸丰十年（1860），英法联军入侵北京，咸丰帝奕詝携东、西等后妃出北京至山庄避难，即居于此殿。

万壑松风

康熙36景之第六景。是宫殿区最早的一组建筑，建于康熙四十七年。由万壑松风、鉴始斋、静佳室、颐和书房、蓬阆咸映等建筑组成。在"无暑清凉"景之南，据岗背湖，布局灵活，具有江南庭园特点。周围多古松，故有此题名。玄烨称："据高阜，临深流，长松环翠，壑虚风度，如笙镛迭奏声，不数西湖万松岭也。"这里是康熙帝批阅奏章、召见百官和眺望湖光山色的地方。万壑松风为正殿，弘历儿时常在此聆听祖训，即位后改名纪恩堂，并作《御制避暑山庄纪恩堂记》一文，纪念乃祖。殿后鉴始斋，系弘历幼年在山庄读书处。

无暑清凉

康熙36景之第三景。为如意洲之门殿，面阔五间。殿本身"广厦洞辟，不施屏蔽"，四面皆水，景色秀美。康熙五十年前，因正宫尚未建成，康熙帝多在如意洲处理国事，接见百官。康熙帝称此处"红莲满渚，绿树缘堤。面南夏屋轩敞，长廊联络，为无暑清凉。山爽朝来，水风微度，泠然善也"。

云山胜地

康熙36景第八景。在烟波致爽殿后、万壑松风之西，康熙四十九年建。楼两层，面阔五间，不设楼梯，而以室外假山为自然蹬道而上。因其据岗背湖，居高临下，有"俯瞰群峰，夕霭朝岚"之意。康熙帝称其"高楼北向，凭窗远眺，林峦烟水，一望无极，气象万千，洵登临大观也"，并题诗曰："万顷园林达远阡，湖光山色入诗笺。披云见水平清理，未识无愆守节宣。"楼上西间为佛堂莲花室，内供青玉观音一尊，每当中秋月夜，后妃于此祭月祈福。

月色江声

在水心榭以北。建于康熙四十二年，为山庄早期景点，虽未列入36景，但位置据湖区中心，十分重要。临湖三间门殿，康熙帝题额"月色江声"。建筑布局采取北方四合院形式，殿宇之间有游廊相接。门殿西有冷香亭，盛夏可在此赏荷，清香馥郁，沁人心肺。门殿北为静寄山房，是清帝读书处。房后莹心堂，亦为清帝书斋。堂后四合院题为"湖山罨画"，开窗纵目远眺，"湖光山色，罨映如画"。"月色江声"取意于苏轼前后《赤壁赋》，每当月上东山，满湖清光，万籁俱寂，只有湖水微波泊岸，声声悦耳。

锤峰落照

康熙36景之第十二景，亭名。位于山庄南部的山岗上，亭呈方形，题名"锤峰落照"。磬锤峰原名"石挺"（《水经注》），位于山庄之外武烈河之东。峰下有平台，从台基到峰顶为59.42米，棒锤本身高38.29米，体积为6508.68立方米，重量为16200吨。康熙帝为山庄选址时，非常赏识形态奇突、高耸入云的"石挺"，把此峰看作山庄不可或缺的最佳景色，为此把"石挺"峰改称为"磬锤峰"。磬为佛教的一种乐器，佛经上云："入山高顶上，见有大石其清如磨处，见人影现，此石圣人吉祥之石。"玄烨赋诗云："纵目湖山千载留，白云枕涧报深秋。巉岩自有争佳处，未若此峰景最幽。""平岗之上敞亭东向，诸峰横列于前，夕阳西映，红紫万状，似展黄公望浮岚暖翠图。有山矗然倚天，特作金碧色者，磬锤峰也。"（《避暑山庄图咏》）

康熙、乾隆、嘉庆帝曾在近黄昏时，率文武百官及少数民族的王公贵族登亭，举行蒙古风味的野宴，并观看磬锤峰落日余晖下雄奇瑰丽的景色。此亭与山庄的"北枕双峰""南山积雪""四面云山"三亭均在山岗之巅，四域环云，遥相呼应，是园林艺术中"借景"手法的佳例。

水心榭

建于康熙四十八年，御笔题额。乾隆十九年列为乾隆 36 景之第八景。在山庄东宫之北，是宫殿区与湖区的重要通道。水心榭实际上是一个控制水位的水工建筑物，使下湖（老湖）和银湖（新湖）之间保持不同的水位，银湖略低于下湖。但水心榭并不使人感觉是水闸，而是"隐闸成榭"的一组跨水亭榭。渡过万壑松风向东南望，石梁横水，亭榭参差，后面又有高山，层次深远，爽人心目。水心榭的建筑造型十分美观、奇突。南北为重檐四角攒尖式方亭，中为进深三间重檐水榭。榭在水中，跨水而立，两旁空间宽广，碧水依依，回望皆成画境。有"飞角高骞，虚檐洞朗，上下天光，影落空际"的诗情画意。榭东有仿苏州狮子林建的文园狮子林，内有 16 景，是山庄的园中之园。榭之东北山岗上，苍松翠柳之中有牣鱼亭，与水心榭相对成趣，榭之四周荷花映日。

万树园

为乾隆 36 景之第二十景，位于山庄平原区东北部。北倚山麓，南临澄湖，占地面积 870 亩，乾隆帝御书"万树园"碣。此处绿草茵茵，古木蓊翳。南部有乾隆帝亲手书《绿毯八韵》诗碑一座。万树园范围内不施土木，按蒙古民族风格设蒙古包数座。乾隆帝曾在此接见土尔扈特蒙古大首领渥巴锡、杜尔伯特蒙古首领三车棱及西藏活佛班禅六世等。

还在此接见过英国特使马戈尔尼以及缅甸、越南、朝鲜等国使节，并宴请听乐等。由此可见，乾隆帝十分喜爱和看中该处清幽静谧的自然环境。

◆ 园林艺术特点

避暑山庄位于群山环抱之中，峰峦叠嶂，林木葱郁，湖光潋滟，山水相依，自然条件得天独厚。山庄和北京皇家园林不同之处，在于它是在风景中装点园林。在艺术风格上鉴奢尚朴，宁拙取巧，以人为之美入天然、以清幽之趣药浓丽的原则，具澹泊、素雅、朴茂、野奇的格调，总体上具有"北雄南秀"的艺术风格。

构园得体

避暑山庄从选址开始，就以康熙帝的山水审美为构架基础。西、北高峻幽深，蜿蜒起伏的山地成为庄园的竖向背景，在此基础上开辟湖区、宫殿区和平原区，书写"大地上的文章"。山水地形是一园的间架，山水相依，才能涉园成趣。宋代李成《山水诀》所谓："先立宾主之位，决定远近之形，然后穿凿景物，摆布高低。"山庄借原有真山之行性，充分利用原有水源，成造化之功。《避暑山庄图咏》开首曰："金山发脉，暖流分泉，云壑淳泓，石潭青霭。境广草肥，无伤田庐之害，风清夏爽，宜人调养之功。自天地之生成，归造化之品汇"，形象地点明了这一特色。

移天缩地

中国园林从秦汉以来，以神山胜境为造园模本，成为园林艺术创作的基本手法。康熙、乾隆时代，这种艺术创作方法达到高峰。玄烨、弘历均是盛世之君，在位期间都曾六下江南，对江南山水和名园佳景十分赞赏，纷纷题名写诗，留下深深的印记。两位帝君既有深厚的汉文化素养，又踌躇满志，"溥天之下，莫非王土"，将天下名园胜境集于一园，是顺理成章之举。取山仿泰山，理水仿江南，芳甸仿漠北风光，特别是模拟江南园林集于塞外的山庄，既满足了视觉上的享受，又符合精神上的需求，而自然条件又符合场地的立基条件。因此，避暑山庄具有博采众长的特点，使园林景观异彩纷呈，成为中国园林艺术的博览园。

避暑山庄的山水构架受杭州西湖影响："芝径云堤"仿西湖长堤；"文园狮子林"仿苏州狮子林；"烟雨楼"仿嘉兴南湖烟雨楼；金山的"天宇咸畅"和"镜水云岑"两景来自江苏镇江的金山；"文津阁"仿宁波天一阁；"水佑寺舍利塔"仿杭州六和塔；"沧浪屿"来自苏州沧浪亭；"斗姥阁"仿泰山"斗姆宫"；"锤峰落照"取名来自西湖的"雷峰夕照"（康熙曾将"雷峰夕照"改为"落照"）等。

烟雨楼

虽然避暑山庄的不少景点仿各地风景园林，"移天缩地在君怀"，但它并不是照抄照搬，有的是取其名，有的是取其意，有的是取其神，达到象外有象，景外有景，更主要的是它立足于避暑山庄自身的自然地理条件而有所创造，仿西湖诸景如此，松云峡摹泰山之意象亦如此。

巧于因借

"巧于因借，精在体宜"是中国传统园林艺术的要法。避暑山庄造园的借景，体现了中国传统园林高超的艺术手法，为北京圆明园、颐和园的借景提供了范本。武烈河东岸耸立的磬锤峰位于山庄园外，孤峙无依，仿佛举笏来朝，"未若此峰景最幽"，获得了康熙帝的特别欣赏。

在避暑山庄中，无论是湖区、平原区、山区，都可将磬锤峰作为最佳背景借入园中，极大地丰富了景观层次，扩大了园区的视觉范围。为观赏磬锤峰落日余晖下雄奇俊秀的景象，在南部的山岗上特建"锤峰落照"亭。此亭与"北枕双峰""南山积雪""四面云山"三亭位于山庄岗峦之巅，遥相呼应，成为造园艺术中借景、对景的范例。山庄充分利用山地的高度，因高借远，把园内园外融于一体。在山岗上可以眺望外八庙，依山而筑具有满蒙特色建筑的众多寺庙供奉着山庄，可谓气象万千。"南山积雪"亭，远借南面诸山北坡维持较长时间的雪景和僧帽峰等异景。"北枕双峰"亭远借金山和黑山雄伟的山景，充分利用"天门双阙"的形胜。居于山区次峰上的"四面云山"，于满目云山之巅安亭环眺，远岫环屏，若相朝揖，晴空之日，数百里外塞外风光都可奔来眼底，这是远借范例。

湖光山色，绿树红花，避暑山庄的俯仰互借相得益彰。如在"万壑松风"可俯览湖区风景概貌，而自湖区仰视"万壑松风"雄踞高岗之上。自"万树园"处可仰借山区之景，而山区居高临下，可纵目鸟瞰湖区、平原区景色。在山庄内，山水高低俯仰、纵目成景是最基本的借景要素。

广东皇家名园

南汉九曜园

南汉王府园林的一部分。位于广东省广州市西湖路与教育路交界的南方剧院北侧，占地面积约 300 平方米。1989 年 6 月，九曜园药洲遗址被广东省政府列为广东省重点文物保护单位。

◆ 沿革

五代时建都广州的南汉王朝在此开凿西湖、修建药洲，建成园林。园因"九曜石"而名"九曜园"。如今"九曜石"剩有五座，散处池中和池边，是珍贵的历史文物。

唐末五代时刘䶮割据岭南，立南汉国，建都广州，兴建王府。筑离宫别院，在城西凿湖 1.67 千米，湖中沙洲遍植花药，名药洲，药洲中置太湖及三江奇石。药洲仙湖，因位于当时广州古城的西面，所以又称西湖。《广东新语》载："西湖，亦曰仙湖，在古瓮城西，伪南汉刘䶮之所凿也。其水北接文溪，东接沙澳，与药洲为一，长百余丈。"

◆ 布局

园林布局以西湖为中心，湖水绿净如染，环湖奇花异卉怪石点缀，绿树丛中亭台楼阁、离宫别殿若隐若现。湖中置沙洲岛，栽植花药，刘䶮还集中炼丹术士在岛上炼制"长生不老"之药，故称药洲。药洲上放置有形态可供赏玩的名石九座，世称"九曜石"，比拟天上九曜星宿，寓意人间如天宫般美，使药洲仙湖成为花、石、湖、洲争妍斗艳的园林胜景。奇石"瘦""透""皱"俱备，形状大小色泽各异，是刘龑派遣罪人从太湖、三江等地移来的。药洲因此也被称为"石洲"。屈大均在《广东新语》载九曜石"高八九尺或丈余，嵌岩肆兀，翠润玲珑，望之若崩云，既堕复屹。上多宋人铭刻"。药洲保留历代碑刻数十方，宋代书法家米芾题刻"药洲"，周敦颐、苏东坡等都曾到此留石刻或碑刻题记，在池边和壁上有翁方纲《米题药洲石记》和翁

南汉药洲遗址石刻

方纲、阮元等清代名人诗刻，使之成为富有历史、书法等艺术价值的一处园林胜迹。

北宋统一岭南后，药洲成为士大夫泛舟觞咏、游览避暑胜地。药洲、西湖历宋、元、明、清诸代。南宋嘉定元年（1208），药洲经略使陈岘加以整治，在湖上种植白莲，建爱莲亭，故又有白莲池之称。明代誉"药洲春晓"为羊城八景之一。明代成化（1465～1487）年间，溪水改道，水源断绝，西湖渐淤塞缩小，又因城市商业街道展拓，至清代后西湖渐渐湮灭。1949 年药洲遗址的面积仅余 2000 多平方米，其中湖水面积440 平方米，仅存太湖山石 8 座。1988 年开始维修药洲遗址，将埋在地下的景石提升，并向西拓展恢复部分湖面。1993 年重新设计建造了仿五代风格的门楼和碑廊。有关药洲九曜石的诗文等几十方碑刻嵌于湖北

面新建的碑廊里。

浙江皇家名园

南宋大内御苑

中国南宋宫城北半部的苑林区。位于浙江省杭州市凤凰山西北部。又称后苑。

后苑是南宋皇家园林中唯一的大内御苑，在吴越宫苑的旧址基础上继承建造，园林景观模仿飞来峰、西湖、冷泉溪。受周边地形限制，后苑面积远小于历代御苑，但在做法上有不少地方继承东京（今河南开封）御苑，且精致程度远胜前代，是一座优美的山地园林。据元代的《癸辛杂识》记载，临安宫城毁于元代大火，现今只存有少部分水池、山石、建筑夯土台基等遗址。

后苑的地形旷奥兼备，视野广阔。《西湖游览志》记载："山据江湖之胜，立而环眺，则凌虚鹜远、环异绝特之观，举归眉睫。"此处可以迎受钱塘江的江风，小气候凉爽于杭州其他地方。《武林旧事》卷三中有详细描写："禁中避暑，多御复古、选德等殿，及翠寒堂纳凉。长松修竹，浓翠蔽日，层峦奇岫，静窈萦深。寒瀑飞空，下注大池可十亩。……初不知人间有尘暑也。"故为宫中避暑之地。

人工开凿的小西湖在山下，即"大池"，为后苑中心，其他园林景观由此展开。小西湖两侧有高楼、蟠桃亭，往西有流杯堂、跨水堂、梅冈亭等，北侧为四并堂。湖旁叠石为山，仿飞来峰，称万岁山，"怪石夹列，献瑰逞秀"。假山下有小溪与小西湖相通，溪中有亭，名为"清涟"。爬山游廊"锦胭廊"长一百八十余开间，由小西湖连接山上宫殿，同时将苑林区与宫廷区分开。在后苑游山玩水，穿过幽深洞穴，景色开朗，"三山五湖，洞穴深杳，豁然平朗"。后苑建筑密度大，光"亭"一种类型的命名就有 90 种之多。"廊"是重要的空间组织者，建筑之间多以廊互相连接。《马可·波罗游记》对后苑布局有较为详尽的描写："这个内宫构成一个大庭院，直达君王和王后御用的各种房间。由大院进去，有一个有屋顶的过道或走廊，这种走廊宽六步，其长度直达湖边。大院的每一边有十个过道通到相应的长形的院子，每院有五十间房子，分别设有花园。"

繁盛的花木使后苑植物景观颇具特色。栽植的梅花、牡丹、芍药、山茶、丹桂、橘、竹、木香、松等，均有特别命名，如芍药曰"冠芳"，木香曰"架雪"，竹曰"赏静"。后苑有专门栽植花木的小园林和景区，如小桃园、杏坞、梅冈、柏木园。亭榭建筑物也以植物景观特色为名，如环以古松的翠寒堂、伴千树梅花的冰花亭。常有赏花活动在此举办，如春在钟美堂赏绣球、牡丹花；秋在庆瑞殿赏菊、点菊灯，倚桂阁赏桂、赏月；冬在楠木楼赏梅花，四季不断。《马可·波罗游记》中也有对日常活动的专门描述："这里住着一千宫女，服侍君王。他有时乘坐绸缎覆盖的画舫游湖玩乐，并且游览湖边各种寺庙。……这块围场的其余两部分，建有小丛林、小湖，长满果树的美丽花园和饲养着各种动物的动物园。"由此可见，后苑乃是专供帝王享乐的奢侈园地。

南宋行宫御苑

中国南宋（1127 ～ 1279）时期修建的皇家园林，方便皇帝外出居住时处理朝政，供皇帝偶一游憩或短期驻跸之用。位于浙江省杭州市。

南宋行宫御苑很多，西湖风景地段汇集了大部分行宫御苑。西湖北岸有集芳园、玉壶园、聚景园、庆乐园，南岸有屏山园、南园，小孤山上有延祥院、琼华园，北山有梅冈园、桐木园等。城东南边郊区有玉津园、富景园等。最具规模的为外城的德寿宫。

◆ 德寿宫

位于临安（今浙江杭州）外城东部、望仙桥东，在秦桧旧宅基础上改建，于绍兴三十二年（1162）六月建成，别称"北内"。《建炎以来朝野杂记》记载："在大内之北，气象华胜。"宋高宗（1127 ～ 1162年在位）晚年移居此此。高宗去世后，吴太后独居德寿宫，更名为慈福宫。淳熙十一年（1184），孝宗禅位，移居于此，更名重华宫，直至开禧二年（1206）大火，从此德寿宫废弃，尚存的部分更名为道教宗庙宗阳宫。当年德寿宫内一些特制的峰石也有保留下来的，其中一块名"芙蓉石"，高丈许，清乾隆帝南巡时见到，便把它移送北京，置之圆明园的朗润斋，改名"青莲朵"。此石原保存在北京故宫旁的中山公园内，后移至北京丰台新建的中国园林博物馆。

德寿宫是史书记载最为详细的南宋皇家园林，面积不大，造景却很丰富，类似于大内御苑。宫中园林分为东、西、南、北四个景区，以聚远楼为中心。东区有香远堂、清深、月台、梅坡、松菊三径、清妍、芙蓉冈、小西湖、万岁桥、四面亭，以赏花为主；南区有载忻、忻欣、射厅、临赋、灿锦、至乐、半绽红、清旷、泻碧，主要为文娱场所；西区有冷泉堂、飞来峰、冷香、文杏馆、静乐、浣溪，以山水风景为主；北区有绛华亭、旱船、俯翠亭、春桃、盘松，均为各式亭榭。德寿宫仿湖山真意而设有人工开凿面积达 10 余亩的大水池（即小西湖），叠石为山象飞来峰，凿石引泉名冷泉，园内花木繁盛，有名匾，继承唐宋写意山水园的传统。

◆ 集芳园

位于葛岭南坡，前临湖水，后倚山冈。本为高宗嫔妃张婉仪的别墅，绍兴（1131～1162）年间收属官家，淳祐（1241～1252）年间改为后乐园。楼阁林立，林中有泉，古树繁盛，积翠环抱。

◆ 玉壶园

位于钱塘门外，是南宋初将领刘锜的别业，后来改为宋理宗（1224～1264 年在位）的御苑。

◆ 屏山园

位于净慈寺南，因正对南屏山而得名。此园范围大，东至希贤堂，直抵雷峰山，西至南新路口，水环五花亭外。据记载，此园与西湖相通。站在园内八面亭堂中，湖光山色俱收眼底。咸淳四年（1268），南宋朝廷因建宗阳宫所需木材数量庞大，此园花木大都被移走，以致景致严重破坏，后逐渐荒废。

◆ 延祥园

全称四圣延祥观御园，毗邻琼花园，原为林逋故居，建于绍兴十六年（1146）。此园园址在西湖之中，西靠孤山，在南宋皇家诸多园林中风景独特，《园囿》载："此湖山胜景独为冠。"园内有六一泉堂、凉堂、白莲堂、挹翠堂、桧亭、梅亭、上船亭、香月亭、香远亭等亭堂，又有小蓬莱泉、闲泉、仆夫泉、六一泉及东西车马门、西村水阁、御舟港、玛瑙坡、陈朝柏、金沙井等胜景。理宗淳祐年间，又建西太乙宫，改凉堂为黄庭殿。

◆ 琼华园

西依孤山，曾为林逋故居。园中气象古幽，花寒水深。

◆ 玉津园

建于绍兴十七年（1147），位于城南嘉会门南四里另建，是南郊最大的御园。建筑布局模拟东京（今河南开封）玉津园。园林倚山沿江，景色绝佳。时人多赞美其造园艺术之高超，如任希夷《宴玉津园江楼七首》曰："风光连北阙，景物傍西湖。禁籞涛江上，兹楼天下无。"刘敞《城南杂题》曰："垂杨冉冉笼清籞，细草茸茸覆路沙。长闭园门人不入，禁渠流出雨残花。"可见此园地理位置优越，景色幽美。南宋皇帝常在春季游此园以劝农。园中曾接待他国来使，举行宴射。萧燧、王佐、宇文价、韩彦直、洪迈等正书题名在摩崖上记载宴射盛事。光宗（1189～1194年在位）以后，玉津园"翠华罕驻，景物渐衰"。

◆ 富景园

在新门外之东，原名东御园，简称东园，俗称东花园。始建于绍兴年间。建园之初规模不大，高宗赵构和宪圣皇后常常游览此园。孝宗即位后，此园又进行了扩建与修葺，更显精致。记载中此园略仿西湖山水。

园中有一个叫百花的大水池，种满荷花，供人在龙舟上欣赏。松柏、杨柳、茉莉等花木常有种植。南宋灭亡后，园里新建一所寺院。至明代，改建成孔雀园、茉莉园。

◆ 聚景园

聚景园又名西园，位于清波、钱湖门外，西湖之滨。湖光春色，柳浪摇曳，耳闻莺啼，即今西湖十景之一的"柳浪闻莺"园址所在。又因园内沿岸遍植垂柳，称为柳林。

其范围之大，东起流福坊，西至西湖，南起清波门外，北达涌金门外。园内主要殿堂有会芳殿、瀛春堂、揽远堂，亭榭主要有芳华、瑶津、花光（八角）、翠光、滟碧、桂景、凉观、彩霞、琼芳、寒碧、澄澜、花醉、清辉、锦壁等，此外还有学士、柳浪两桥。

孝宗（1162～1189年在位）常在此园赏花游湖，南宋诸帝中以孝宗临幸此园次数最多，堂榭之匾皆孝宗御题。《武林旧事》记载："上邀两殿至瑶津少坐，进泛索。太上、太后并乘步辇，官里乘马，遍游园中，再至瑶津西轩入御筵，遂至锦壁赏大花，三面漫坡，牡丹约千余丛，各有牙牌金字，上张大样碧油绢幕。"从描述中可知，此园规模不小，以至于可骑马游园，整体布置堪称绚烂。此外，园内以假山营造小径，湖光激滟，沿堤繁花似锦，"夹径老松益婆娑，每盛夏秋首，芙蕖绕堤如锦，游人舣舫赏之"。后在元代改建为佛寺。

◆ 庆乐园

位于长桥西、钱湖门外瑞石山麓。宁宗庆元三年（1197）更名为南园，园主死后复归官家，改名庆乐园。内有梅、桂之景，蓄养珍禽异兽。

据《湖山胜概》载："有许闲堂、和容射厅、寒碧台、藏春门、凌凤阁，西湖洞天、归耕庄、清芬堂、岁寒堂、夹芳、豁望、矜春、鲜霞、忘机、照香、堆锦、远尘、幽翠、红香、多稼、晚节香等亭。秀石为上，内作十样锦亭，并射圃、流杯等处。"可见园内亭台极多，尤以十样锦亭为胜。

祥兴元年（1278），此园已破败，"仅存丹桂百余株"，明嘉靖年间，还可见园中尚存的峰磴石洞，明正德（1506～1521）年间，园物尽搬运而去。

北京皇家名园

燕京御苑

燕京，又称南京、析津府，是辽五京之一。《辽史·地理志》中南京析津府一条记述了燕京城的建筑与自然环境："城方三十六里，崇三丈，衡广一丈五尺。……西城巅有凉殿，东北隅有燕角楼。坊市、廨舍、寺观，盖不胜书。其外，有居庸、松亭、榆林之关。古北之口、桑乾河、高梁河、石子河、大安山、燕山，中有瑶屿。"燕京御苑主要有延芳淀、长春宫、华林和天柱二庄、内果园、瑶池等。

◆ 延芳淀

辽金元时期皇家狩猎及休闲游的大片湿地区域，位于燕京城外的漷阴县（今北京通州区东南的漷县一带），也是北京南部最早兴建的皇家猎苑。《辽史·地理志四》载："漷阴县。本汉泉州之霍村镇。

辽每季春，弋猎于延芳淀，居民成邑，就城故潞阴镇，后改为县。"每至春季，辽帝在此狩猎，"卫士皆衣墨绿，各持连鎚、鹰食、刺鹅锥，列水次，相去五七步。上风击鼓，惊鹅稍离水面。国主亲放海东青鹘擒之。鹅坠，恐鹘力不胜，在列者以佩锥刺鹅，急取其脑饲鹘。得头鹅者，例赏银绢"。

延芳淀历史上即为辽、金历代皇帝的春季行猎"捺钵"之地，当时没有设置宫殿，按照"捺钵"习俗，皇家车驾到此设帐开猎，打猎游赏完毕即回，或夜宿于军帐之中。元世祖忽必烈于至元十八年（1281）行猎柳林，开始兴建柳林行宫，至元英宗时期加以扩建。《元史·英宗本纪》记载，至治元年（1321）"丁巳，畋于柳林，敕更造行宫"，作为"更造"，即扩建忽必烈时期的柳林行宫。这是延芳淀在辽、金、元三代帝王"捺钵"的历史上，第一次有了兴建行宫及相对固定的狩猎范围的记载。而通州地区作为历代帝王春季行猎的政治"副中心"的历史也由忽必烈开始，此后的元朝历代帝王均多次巡幸柳林行宫，元末顺帝罢黜权臣伯颜等重大历史事件也都发生在春季行猎延芳淀之时。

◆ 长春宫

辽燕京长春宫位于潞州（今北京通州），与辽皇家猎苑延芳淀地近，故对于这座皇家行宫的记载大多与辽圣宗"捺钵"延芳淀之记载前后相随。每次关于长春宫游幸记载之后，总会提及延芳淀行猎，故可以判定长春宫赏花与延芳淀行猎一样，实际是辽代皇帝春赏游猎活动的一部分。

《辽史·圣宗本纪》共 6 次记载耶律隆绪游幸长春宫，多是春季赏牡丹、钓鱼等活动，如圣宗统合五年（987）之记载，"三月癸亥朔，幸长春宫，赏花钓鱼，以牡丹遍赐近臣，欢宴累日"，又"统和十二年（994）三月戊午（初六日）幸南京。壬申（二十日），如长春宫观牡丹。四月辛卯（初十日），幸南京"。

从辽圣宗统合十七年（999）后，《辽史》对长春宫的记录全无，从《辽史》的记载可以判定，长春宫大体是辽圣宗时期，皇帝春赏"捺钵"延芳淀时经常光顾的一座行宫。宋辽澶渊之盟之后，随着辽南方疆域稳定，政治中心从燕京北移，长春宫逐步退出历史舞台。

◆ 华林、天柱二庄

辽南京城外的两座皇家猎庄，位于顺州怀柔县西南（今北京顺义区）。《辽史·地理志四》"南京道顺州"条载："顺州领怀柔县（治今北京顺义县），南有北齐长城。""城东北有华林、天柱二庄，辽建凉殿，春赏花，夏纳凉。"辽帝"捺钵"，后宫嫔妃则随行营迁徙，帝王行猎之时，后妃则居水边凉殿。此猎庄即为辽帝春赏游猎之行营和地近温榆河畔的凉殿。

◆ 内果园

内果园是供应皇家瓜果蔬菜的皇庄农园。当时作为陪都的辽南京，曾有多位辽帝驻跸，作为统帅宋辽作战的前线指挥所。而圣宗耶律隆绪、道宗耶律洪基诸帝则久居南京，故二帝在位期间辟内果园，以为宫廷供应时令果蔬。据《辽史·圣宗纪八》载，辽圣宗太平五年（1025），耶律隆绪"驻跸南京，幸内果园宴，京民聚现"。所谓"京民聚现"，就是当时燕京城的百姓都参与了辽圣宗在内果园的赐宴巡游活动。清代史家赵翼在其《廿二史札记》卷27《辽史金史》中记载这次内果园君民同乐，共庆丰年的盛况："太平五年，驻跸南京，幸内果园，宴时，值千龄节，燕民以年谷丰熟，车驾适至，争以土物来献，上礼高年，惠鳏寡，赐酺饮。至夕，六街灯火如昼，士庶嬉游，上亦微行观之。"另据《北京通史》记载，当时内果园种植的果蔬品种较多，有枣、栗、桃、杏、梨、西瓜等。

◆ **瑶池**

瑶池是辽燕京子城中的一座皇家宫苑，位于辽燕京宫殿区西侧。瑶池中有小岛瑶屿，上有瑶池殿，池旁建有皇亲宅邸。其位置大致于后世金中都所建皇家鱼藻池相近，金中都皇家禁苑鱼藻池或是在辽南京瑶池基础上扩建而成。1996年，北京市文物研究所对金中都宫城内的皇家园林鱼藻池进行了考古工作，在鱼藻池中岛上发现了可能是辽时所建、金代重新修缮的瑶池殿遗址。

除上述园林外，燕京御苑还有柳庄（城西北部）、粟园（外城西北通天门内）等园林，但仅见于记载，对其描述不甚详尽。

金中都御苑

金燕京（今北京）皇家御苑。

天德三年（1151），金海陵王完颜亮下诏于燕京修建宫室，并令右丞相张浩仿北宋东京（今河南开封）规制修建燕京城。贞元元年（1153），迁都燕京，改名中都。中都御苑分为大内御苑、行宫御苑及离宫御苑。

◆ 中都大内御苑

中都大内御苑以东、西、南、北四苑为主。东苑，义称东园，位于皇城内侧迤南，敷德门外。此处原为辽内果园，金在此基础上修建东苑，金朝皇帝常游于此。东苑旁有芳园，设门相连；西苑，亦名西园，是依托辽燕京旧城西部洗马沟（金称西湖）水系湖泊修建的一系列宫殿苑囿，包含皇城内琼林苑、鱼藻池（即同乐园），内有瑶池殿、鱼藻殿、横翠殿、临芳殿、琼华阁等建筑群体，又有鱼藻池、游龙池、浮碧池、琼华岛、蓬莱岛、瀛岛等湖池岛屿，是一座优美恢宏的皇家御苑，其中又以琼林苑景色最盛，元人称其"尽人神之壮丽"；南苑，亦名南园，位于都城南部丰宜门内偏西之处，内有一座供帝王游乐的小型花园广乐园，金朝皇帝常在此举行射柳、击球活动；北苑，位于宫城西北侧，金人赵秉文诗作对其景色有描述："柳外宫墙粉一围，飞尘障面卷斜晖，潇潇几点莲塘雨，曾上诗人下直衣。""蒲根阁阁乱蛙鸣，点水杨花半白青。隔岸风来闻鼓吹，柳阴深处有园亭。"

◆ 行宫御苑与离宫御苑

中都城近郊建有多处行宫御苑与离宫御苑，其中主要有西郊钓鱼台、城南建春宫、东郊长春宫，以及北郊万宁宫。钓鱼台位于中都城外西北方（今玉渊潭），距离西北门会城门极近。《日下旧闻考·问次斋集》记载："西郊有钓鱼台，是金主游幸处。""台下有泉涌出，汇成池，其水至冬不竭。"金元间人王恽记其景为："柳堤环抱，景色萧爽。风日清美，天光云影激艳尊席。沙鸥容与于波间，幽禽和鸣于林际。"建春宫位于城南（今大兴区南苑），"大兴，辽名析津（南京析津府，今北京市西南），贞元二年（1154）更今名，有建春宫。镇一，广阳"。建春宫是中都御苑中较为重要的一处离宫御苑，皇家在此举行"春水围鹅"的狩猎活动。长春宫亦名光春宫，位于都城东郊，为辽代长春宫旧址，金章宗（1189～1208年在位）除了在城南建春宫"春水"之外，也经常来长春宫"春水"。万宁宫，亦名大宁宫，位于中都城东北郊，白莲潭南部（今北海）。《金史》记载："京城北离宫有太宁宫，大定十九年（1179）建。后更为寿宁，又更为寿安，明昌二年（1191）更为万宁宫。"万宁宫以水景为胜，筑有琼华岛，岛上筑有广寒殿。初人郝经在《琼华岛赋》中记："岁癸丑（1253）夏，经入于燕，五月初吉，由万宁故宫登琼华岛，……伛如鳄背，负月窟而横高寒（其顶有广寒殿，故云）。……瑶光楼起，金碧钩连。"金代皇帝常在此避暑、处理公务。岛山还遍布松柏及太湖石，太湖石为艮岳所移置而来，金代道士丘处机《琼华岛七言诗》记载："乔松挺拔来深涧，异石嵌空出太湖。"此外，在都城远郊还有香山、玉泉山等皇家御苑。

纵观金代中都御苑，其数量之多，分布之广，体量之大，以至宋人周麟之于绍兴二十九年（1159）出使金朝之后所撰写的《海陵集》一书中有这样的描述："燕京城内地大半入宫禁，百姓绝少，其宫阙壮丽，延亘阡陌，上切霄汉，虽秦阿房，汉建章不过如是。"其间又以金章宗时期造园活动最为频繁，"西山八院"（又称"八大水院"）便是这一时期所建。金中都御苑多依水而建，造园风格则直承北宋山水宫苑的传统，从北京地区整个园林史上看，金代是第一次高潮。

元大都御苑

在金代万宁宫基础上修建的大内御苑。位于北京市。

金灭辽后，1267年，忽必烈薛禅可汗（1260～1271年在位）将都城由上都（今内蒙古自治区锡林郭勒盟正蓝旗境内）迁往燕京（金中都），元代科学家刘秉忠主持规划修建，历时十八年营建完成，1285年中都改名大都。元大都城位于金中都旧城东北向，以琼华岛为中心，将金代万宁宫圈入皇城之内，并在此基础上修建大内御苑。

萧洵所作《故宫遗录》对元大内御苑有详细的描述："海广可五六里，架飞桥于海中，西渡半起瀛洲圆殿，绕为石城圈门，散作洲岛拱门，以便龙舟往来……山上复为层台，回阑邃阁，高出空中，隐隐遥接广寒殿。"皇城西北角，隆福宫之西还有一小苑，名西御苑。

元大都大内御苑占去皇城北部、西部大部分面积，沿袭皇家园林"一池三山"规制，内浚太液池，池内遍植荷花，池岸栽植杨柳，朱有燉《元宫词》诗云："合香殿倚翠峰头，太液波澄暑雨收。两岸垂杨千百尺，荷花深处戏龙舟。"太液池上筑有万岁山（金琼华岛）、圆坻、犀山三岛，呈南北一线布列。

万岁山，又称万寿山，位于太液池北部，依旧保持金代模拟北宋艮岳万岁山旧貌，山上筑有广寒、仁智、介福、延和等宫殿，还有若干辅助性建筑及亭子。元人陶宗仪《南村辍耕录》对其有详细记载："万岁山在大内西北、太液池之阳。金人名琼花岛，中统三年修缮之。其山皆以玲珑石叠垒。峰峦隐映，松桧隆郁，秀若天成。……山上有广寒殿七间。仁智殿则在山半，为屋三间。"可见其景色恢宏壮丽。

圆坻位于万岁山南部，是一土夯圆形高台，北向架白玉石桥与万岁山相连，东西则分别架桥与水岸相连，台上筑有仪天殿、十一楹，正对万岁山。太液池南部还有一小屿，名犀山。意大利传教士鄂多立克（Odorico da Pordenone，约 1286～1331）曾得幸游览御苑景色，并对此赞道："大宫墙内，堆起一座小山，其上筑有另一座宫殿，系全世界之最美者。此山遍植树，故此名为绿山。山旁凿有一池，上跨一极美之桥。池上有无数野鹅、鸭子和天鹅，使人惊叹。所以君王想游乐时无须离家。宫墙内还有布满各种野兽的丛林，因之他能随意行猎。"元顺帝（1333～1368 年在位）时，万岁山增建采芳馆、浮桥、飞楼等建筑。太液池南部有一小屿，名犀山。

除大内御苑外，都城南二十里处还有一皇家园林，名下马飞放泊，是中统四年（1263），忽必烈在大都城营建的一座园林，位于今北京市丰台区南苑村北，东高地以西，北大红门以南一带，"曰下马者，盖言其近也"，飞放泊"广四十顷"，是一处供皇室贵族冬春郊游的皇家御苑。

元朝统治者对园林的营建显然不如金、宋统治者那么热衷，加上游牧民族的习惯，元朝统治者更喜爱郊野狩猎，因此元大都御苑的建设规模趋于宏大，突出皇家气派且具有民族特色。

明北京御苑

明代沿用元大都旧城修建的皇家园林。宫城内的御苑有后苑（御花园）、慈宁宫花园，皇城内宫城外建有东苑、西苑和兔园，皇城中轴线北端有万岁山，共六座大内御苑。此外皇城南郊还有一上林苑。

洪武元年（1368），大将徐达攻破元大都，元年八月，"诏改大都为北平府"。

永乐十四年（1416），明成祖朱棣决定将都城由应天府（今江苏南京）迁往北平，改北平为北京，并依南京形制修建紫禁城，北京城则在沿用元大都旧城上进行修建。都城的修建必然伴随着皇家园林的建设。

◆ 后苑

后苑即今紫禁城御花园，位于内廷中路坤宁宫之后，东西长130多米，南北深90多米，呈长方形。苑内有建筑20余栋，建筑多倚靠苑墙修建，为园内提供更多空间。苑内建筑以钦安殿为中心左右对称，在对称中力求变化，建筑布局对称而不呆板，舒展而不零散，山池花木点缀其中。

明代后苑整体风格受制于宫殿建筑规制，花园采用对称布局，其间建筑密度较大，人工手法堆砌而缺少自然氛围，故在有限空间中大量采用"假山""假水"以弥补自然气息之不足。后苑假山堆秀山，起于原观花殿旧址。万历（1573～1620）年间，观花殿毁于大火，便在此依宫墙叠山，按照"万笏朝天"的样式建造了一座融合南北湖石和南北工艺的大假山。主山之巅修建御景亭，为明清两代帝后家宴、重阳登高之处，其上可饮酒赏菊，亦可俯瞰禁城内外风光，此为后苑之中园林氛围最浓郁之处。

◆ 慈宁宫花园

位于内廷西路北部慈宁宫南面。明清两代一直是作为太后寝宫花园，为明清两代后妃游赏、礼佛之处，也是紫禁城中仅次于御花园的第二座宫禁花园。花园始建于明中后期，为嘉靖帝（1521～1567年在位）为其母后蒋太后所造（慈宁宫亦为此时所建）。花园南北长，东西宽，实际是一种放大版的四合院花园。《春明梦余录》记载："慈宁宫花园咸若亭一座，万历十一年五月内更咸若馆匾。"

清乾隆（1736～1795）后期对花园进行过较大规模的改造，为清中期紫禁城花园的典型样式，自北向南轴线布局，花园内有五座主体建筑，以咸若馆为中心，北为慈荫楼，东为宝相楼，西为吉云楼，东南为含清斋，西南为延寿堂。清以后，这些建筑内部全部布置为佛堂，大体反映了当时后妃、太皇太后及太妃们游园礼佛的休闲方式。北部三楼围一主殿（咸若），对称布局，实际是宫殿建筑的延伸及向花园氛围的过渡。花园南部莳花种树，叠山垒池，建筑亭台，与北部建筑形成山馆对望、自然与人工对照的典型格局。主殿咸若馆据北端，黄琉璃顶出抱厦，两侧配殿均为绿色琉璃覆顶、黄色剪边之卷棚歇山，为乾隆时期典型的宫殿花园做法，一如稍后的乾隆花园。

慈宁宫花园东、南两边皆设入口。东入口名揽胜，设于东墙，与慈宁宫中轴甬道相邻，为简素的琉璃随墙门样式。南入口为湖石当门布局，进入花园迎面即为一带湖石假山蜿蜒，是典型的开门见山的做法。乾隆花园第三进院落的三友轩也是这种布局形式。花园的东南、西南角各设井亭一座，从井内引水流觞，东南绿云亭内置流杯渠，其水即由井水引入，其间以湖石假山掩映水口，其做法亦为乾隆时代特色，与乾隆花园古华轩院落曲水流觞做法一致。花园正中设方形水池，中跨石桥，桥上建亭名临溪，临溪亭南左右设须弥座花坛，形成亭馆对望的轴线布置。花园在宫禁之中打造出一片山林清幽的氛围。

整体看，慈宁宫花园布局受制于紫禁城院落布局及风水、礼制等限制，在不突破建筑轴线对称的布局原则下，通过叠山理水和花木映衬，打造出一片难得的山林气息，是清代中期宫苑山林的佳作。

◆ 东苑

位于紫禁城东华门外东南、南池子附近，与紫禁城仅一墙之隔，史称南宫。始建于明初。明永乐十一年（1413）、十四年的端午节，明成祖朱棣曾幸东苑，"观击毬射柳"。此后明历代皇帝，如宣德、正德、嘉靖诸帝皆有在东苑游赏、骑射和赐宴群臣的记载。

明清北京历史上曾有东、南、西、北四苑，西苑、南苑、北苑皆有名于世，惟东苑少有提及，皆因东苑实际是中国历史上第二座"南内"。土木堡事变后，英宗被囚禁于北方，史称"北狩"，其弟代宗即位，待英宗北还，代宗拒绝还政于兄，尊英宗为太上皇，将其"禁锢"在紫禁城外东南的南宫，故南宫又被后世称为南内。1457 年，英宗发动"夺门之变"，改元天顺。因念南宫曾为居所，故大加增建。《日下旧闻考》卷四十记载了英宗时代的东苑景观改造，"增置各殿为离宫者五，大门西向，中门及殿南向，每宫殿后一小池跨以桥。池之前后为石坛者四，植以栝松。最后一殿供佛甚奇古。左右回廊与后殿相接，盖仿大内式为之"。《明英宗实录》对改造后的东苑各宫殿有详细记载。天顺三年（1459）十一月工成，史载，当时全国各地都运来各种珍木异卉，英宗再次宴请臣僚，为君臣同乐，"杂植四方所贡奇花异木于其中。每春暖花开，命中贵陪内阁儒臣赏宴"。《翰林记》记东苑景，"夹路皆嘉树，前至一殿，金碧焜耀。其后瑶台玉砌，奇石森耸，环植花卉。引泉为方池，池上玉龙盈丈，喷水下注。殿后亦有石龙，吐水相应。池南台高数尺，殿前有二石，左如龙翔，右若凤舞，奇巧天成"。嘉靖年间，还在东苑重华殿以西建皇史宬，用于保存皇家各类档案。

东苑的宫殿亭池到清时已不复存在。据清乾隆时期吴长元的《宸垣识略》记载，到了清中期，东苑已成为皇家丝绸仓库，"缎疋库神庙在内东华门外小南城，名里新库"。同时期的《日下旧闻考》则记载，到了乾隆时期东苑的"门、阁、宫、殿、亭、馆俱无存，其曰库者，即今磁器库地"。两则史料记载的仓库功能不一，但所指皆为园林各建筑亭馆皆毁。

东苑大体毁于明末李自成战乱，见诸《明实录》记载的大量的建筑中，只有皇史宬幸免于难，后作为皇家档案馆保存至今。

◆ 西苑

西苑即元太液池旧址。明初期，对于整个西苑无大营造，大多是就原有的建筑物加以修理使用。明朝对于西苑的营造，主要集中在天顺、正德和嘉靖三朝。天顺（1457～1464）年间，明英宗对其扩建，向南开凿南海，奠定"北、中、南"三海格局，并填平圆坻与东岸之间的水面，在琼华岛与北海北岸增建若干建筑。李贤、韩雍分别撰写《赐游西苑记》，记有这一时期西苑景色。正德（1506～1521）年间对于西苑的营造，主要是太液池西北隅虎城附近的豹房宫殿区。嘉靖（1522～1566）一朝，对西苑旧构进行了大规模的修葺、添建和改建，是明代宫苑营造的极盛时期。明沈德符《万历野获编》记载："西苑宫殿自（嘉靖）十年辛卯渐兴，以至壬戌，凡三十余年，其间创造不辍，名号已不胜书。"

◆ 兔园

位于西苑之西、皇城的西南隅，在元代的西苑基础上改建而成。园中有人工堆叠的大型假山，称为"小山子"，用以区别当时成为大山子的西苑琼华岛。这座中国历史上最负盛名的大假山是用北宋所谓"折粮石"（北宋末年艮岳所遗之石，被金人运抵燕京，折算粮草，故谓之"折粮"）堆叠。

兔园最初为元代隆福宫之旧苑。作为元太子宫所配置的后苑，其地位与作为皇帝大内后苑的琼华岛一样，故后世称之"小山子"。相对于琼华岛而言，其园庭规模较小，但叠山理水精致程度过之。其山皆为平地堆叠，满山玲珑湖石，奇峰怪石，世间罕见。山顶有远眺京城之台，山间有清泉跌瀑和能够喷雾的水帘山洞，布局手法即为精致。此园的营建大抵取法于北宋艮岳，亦可谓艮岳之后，以艮岳之石、采用宋人工匠之法，再现当年汴京（今河南开封）宫苑之盛况。

明代，小山子所在之处为西苑北海之西岸，亦即明初永乐年间朱棣的燕王府潜邸（即元隆福宫）之南。嘉靖时期，皇帝弃大内，改居西苑仁寿宫，其寝宫西侧的兔园和小山子也就成为皇帝避开朝堂喧嚣、静心修炼的世外桃源。当时的权臣严嵩每次觐见都要来到兔园，故对此园林十分熟悉。他在《钤山堂集》中，有关小山子的记载："小山在仁寿宫之西。入清虚门，磴道盘屈，甃甓皆肖小龙文。叠石为峰，巉岩森耸，元氏故物也。"清初的高士奇在《金鳌退食笔记》中对兔园景物的描述最为详备，称其布局规整，山、池、建筑均沿轴线布置。纪晓岚在《阅微草堂笔记》中对兔园亦有记载："又相传京师兔儿山石，皆艮岳故物，余幼时尚见之。……厅事东偏一石高七八尺，云是雍正中初造宅时所赐，亦移自兔儿山者。南城所有太湖石，此为第一。"这段记载说明，兔园及其假山在雍正（1723～1735）时期就已经被拆改，其一山玲珑的湖石亦散落京城各处园林，且园中艮岳石常常成为皇帝御赐勋臣之物，为京城大夫所珍藏。

兔园小山子在整个明代都是皇帝重阳登高之处。每至重阳佳节，皇帝会引后妃及权臣到小山子登高赏月，赐宴菊花酒。《乾隆〈京城全图〉》留下了兔儿山的大体形貌。

◆ 万岁山

即景山，位于紫禁城玄武门外。最初为辽代营建瑶屿行宫（今琼华岛）时掘池堆山之处。金营建大宁宫时，扩西华潭（今北海），再次将余土堆积此处，称青山，并在此修建皇家御苑，山下环绕两重围墙，山上建瑶光楼，史称北苑。忽必烈至元四年（1267）营建大都，将元大内后宫的核心建筑延春阁置于此山之南，将此山辟为帝后游赏的御苑，称后苑，苑内有熟地8万平方米。元皇帝曾在此躬耕，以昭示天下。明代英宗时期，以开挖南海、筒子河，再次堆高此山，形成今日规模。

景山

明永乐十五年（1417）营建北京城，掘护城河之土，亦堆至此山，始称万岁山，又称镇山，意"镇压"前元之王气。明沈德符《万历野获编》："云辇辋初兴时，有山忽坌起，说者谓王气所升，金人恶之，乃凿其山，辇其石，聚于苑中，尽夷故地。元灭金都燕，以为瑞澄，乃赐其名。"

明初万岁山上遍植名花珍木，山东北面建有寿皇殿等御苑亭台，作为皇家骑射、御宴、登高、赏月之处，亦作为皇家眷属重阳登高之处。清乾隆十四年（1749），移寿皇殿于景山正北面。乾隆帝在《白塔山总记》中称"宫殿屏宸则曰景山"。

◆ 上林苑

除大内御苑外，北京城南郊有上林苑（即南苑，亦称南海子），原为元飞放泊。《明一统志》："南海子在京城南二十里，旧为'下马飞放泊'，内有按鹰台。"《明宫史》云："南海子即上林苑，总督太监一员，关防一颗。提督太监四员，管理、金书、掌司、监工数十员。分东西南北四围，每面方四十里，总二十四铺，各有看守墙铺牌子、净军若干人。东安门外有菜厂一处，是其在京之外署也。职掌寿鹿、獐兔、菜蔬、西瓜、果子。"明宣宗宣德三年（1428）"命太师英国公张辅等拨军修治南海子周垣桥道"。英宗正统（1436～1449）年间修南海子北门红桥，又在天顺二年（1458）"修南海子行殿，大桥一、小桥七十五"。明朝扩大了南海子，修治桥道，筑起围墙，辟成四门，并修建了庑殿行宫及旧衙门、新衙门两座提督官署，建二十四园等，将上林苑建为一处具有天然野趣的郊野行宫，也是皇室狩猎讲武之地。《御制灵能庙碑》载："上林苑虽育养禽兽供御之所，亦先朝以时狩猎讲武之地，不可废也。"

明北京御苑的兴建，是北京地区古代园林史上的一个重要的发展时期。

圆明园

中国清代鼎盛时期宏伟精美的皇家宫苑。位于北京市海淀区中部偏东。占地面积 350 公顷。

圆明园是中国园林的巅峰之作，也是世界园林史上的杰作。圆明园还包括它的两个附园——长春园和绮春园（万春园），因此又称"圆明三园"。圆明园始建于 1709 年，建造时间前后经历了 60 多年。

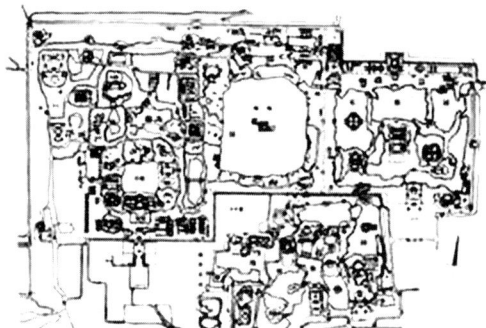

圆明三园

圆明园是清代北京西北郊五座离宫别苑，即"三山五园"（香山静宜园、玉泉山静明园、万寿山清漪园、圆明园、畅春园）中规模最大的一座。咸丰十年（1860），英法联军侵入北京，先是劫掠，继而放火焚烧了这座旷世名园，

圆明园复原图

给世间只留下了山水骨架和残壁断垣。这是对人类宝贵文化财富的残酷掠夺和毁灭性的破坏。

◆ **兴建沿革**

明清时代，北京西北郊泉水充沛，林皋清淑，波淀渟泓，有西湖、玉泉山、西山诸名胜，风景秀美，富有江南情趣，成为园林荟萃之区。康熙四十八年（1709），康熙帝将畅春园以北的一座明代私家旧园赐予皇四子胤禛，并亲笔题额，名"圆明园"，意为"圆而入神，君子之时中也。明而普照，达人之睿智也"。于是胤禛进行整修和小规模的扩建。赐园的大致范围约在后湖和后湖周围的一些地区，面积为40公顷左右。康熙六十一年春天，玄烨去新建成的位于后湖东南角的牡丹台赏牡丹，胤禛带11岁的皇孙弘历进谒皇祖。牡丹台即是后称四十景之一的"镂月开云"。

玄烨去世（1722年12月）后，胤禛即位。雍正三年（1725）将赐园圆明园改为离宫型皇家园林，开始进行大规模扩建。扩建内容包括四部分。

第一部分：新建宫廷区。将中轴线往南延伸，在赐园南部建成"御以听政"的宫廷区外朝部分，共三进院落：大宫门、二宫门、正殿即"正大光明"殿（皇帝上朝处）。正殿的东侧为"勤政亲贤"殿，胤禛在此批阅奏章，处理日常政务。"正大光明"殿的北面为"九州清晏"一组大建筑群，为帝后嫔妃居住处。

第二部分：原赐园向北、东、西三面拓展。利用原来多泉水注、沼泽地改造成河渠水网。构成许多水流萦回、岛堤穿插，以建筑集群为中心的园林空间。

第三部分：福海及其周围配置的建筑景区。

第四部分：沿北宫墙的狭长地带，梳理水系，堆叠土山，进行地形改造，建设多组园林景区。

经过 13 年的拓建，至雍正十三年，圆明园面积已达 200 多公顷，据《日下旧闻考》记载，"圆明园四十景"中，由胤禛亲笔题款的四字景名有十三景：正大光明、勤政亲贤、九州清晏、天然图画、碧桐书院、慈云普护、杏花春馆、万方安和、鱼跃鸢飞、西峰秀色、四宜书屋、平湖秋月、接秀山房。另有十六景雍正时期已经基本建成或局部建成，后由弘历题四字景名，它们是镂月开云（原牡丹台）、上下天光、坦坦荡荡、茹古涵

圆明园万方安和遗址

今、长春仙馆（弘历赐居处）、武陵春色（弘历读书处）、汇芳书院、映水兰香、蓬莱瑶台（原蓬莱洲）、日天琳宇、夹镜鸣琴、澹泊宁静、水木明瑟、濂溪乐处、廓然大公、洞天深处。

弘历于 1735 年继位后，圆明园按照他的造园思想，在原有基础上进行了扩建、修建，至乾隆九年（1744）告一段落。这一年，弘历按"避暑山庄三十六景"四字题额之例，统一以"圆明园四十景"题字景名，命宫廷画师唐岱、沈源等绘成绢本、设色的《圆明园四十景》图，并由大学士鄂尔泰、张廷玉等辑注《御制四十景诗》，后出书，名《御制圆

明园图咏》。在这四十景中，乾隆新建的有十一景：山高水长、鸿慈永祐、多稼如云、北远山村、方壶胜境、澡身浴德、别有洞天、涵虚朗鉴、坐石临流、曲院风荷、月地云居。

而后，乾隆十四年在圆明园东部扩建"长春园"，于乾隆十六年建成。"长春园本圆明园东垣外隙地，旧名水磨村，就添殿宇数所，敬依长春仙馆赐号，赐名长春园"。（《日下旧闻考》）弘历小时候曾住长春仙馆，因此有怀旧情愫，而用"长春园"之名。弘历当时曾说："予有夙愿，若至乾隆六十年，寿登八十五，彼时亦应归政，故邻圆明园之东预修此园，为他日悠游之地。"而实际此园成为圆明园的附园。乾隆十二年至乾隆二十五年，为满足弘历对于园林的猎奇心理，在长春园北部建了一组"西洋楼"建筑群，由郎世宁、王致诚、蒋友仁等设计、主持建造。此为中国园林史上第一次引入西方 17 世纪的建筑及园林。西洋楼建筑群布局呈不规则式，由西向东狭长形展开，面积约 7 公顷，由谐奇趣、方外观、海晏堂、大水法、远瀛观、线法山、迷宫花园、养雀笼等景点组成。尽管建筑的艺术水平在建筑界评价不高，但它在西方巴洛克建筑风格中应用东方的建筑元素，在房顶处理上采用中式的琉璃瓦坡顶，这种中西相结合的构思，却是别开生面，其中十二生肖时钟喷泉，更是体现了 18 世纪东西方文化的交融。

乾隆十六年弘历南巡，见杭州南宋德寿宫旧址有一块太湖石名"芙蓉"，即命运送京城，1752 年运抵，放置于长春园，名"青芙朵"。

乾隆二十年弘历第二次南巡，游览名园胜景，回京后，在长春园中模仿南京瞻园建"如园"，仿苏州狮子林建"狮子林"，仿小有天园建

"小有天园"。

乾隆三十四年，圆明园东南的原大学士博恒的春和园归入圆明园，改名"绮春园"。

乾隆三十九年，继避暑山庄之文津阁后，在圆明园水木明瑟之北，仿宁波天一阁建文源阁。1784 年，《四库全书》36000 册、《古今图书集成》一部凡 552 函等一并藏入文源阁。

乾隆以后，圆明园增建、修缮工程不间断地进行着。嘉庆十四年（1809）扩充绮春园，将含晖园、寓园等并入"绮春园"，称"万春园"。绮春园规模比乾隆时代扩大近一倍，成"绮春园"三十景。嘉庆帝颙琰作绮春园三十景诗。

嘉庆以后，历道光、咸丰，圆明园不断有所修建及局部新建，但规模已大不如前。咸丰十年（1860），10 月 16 ～ 18 日英法联军野蛮地劫掠焚烧，历经 151 年的被雨果称为"世界奇迹"的圆明园就此毁灭。

西洋楼是一个独立的景区，它是一个点缀，对圆明园的整体艺术风格没有产生大的影响。

圆明园遗迹

◆ 艺术特色

圆明园是中国自然山水式园林集大成者，弘历称其"实天宝地灵之区，帝王豫游之地，无以逾此"。（《御制圆明园后记》）

相度地宜，天然之趣

圆明园地处北京西北郊，有西山、玉泉山、瓮山（万寿山）诸山，层峦叠嶂，连绵不断，又有水源充沛的玉泉山水系和万泉河水系，以及众多的地下泉源，水质甘洌，胤禛称其"林皋清淑，波淀渟泓，因高就深，依山傍水""相度地宜，构筑亭榭，取天然之趣，省工役之烦。槛花堤树，不灌溉而滋荣；巢鸟池鱼，乐飞潜而自集"。

圆明园选址于此，有得天独厚的地理优势。

中国园林讲究的是自然山水地形的变化，圆明园可以远借山水，近得地宜，为构园创造了最基本的条件。圆明三园都是平地上建园，三园又都是水景园，因水而成趣。人工开挖的水体占全园面积的一半以上，大的水面辽阔开远，如福海、后海，又有各种尺度合宜的多变化的小水面，更有曲折萦回、情趣幽深的河道，串联起园内各景区。开挖的土方就近堆土，成连绵的岗阜土丘。经过营造后的圆明园呈现出西北高、东南低的地貌地势，这是传统造园中反映中国"风水"的大势，也使园内的山水与园外的自然

全景式巨型立雕圆明园景观展（局部1）

全景式巨型立雕圆明园景观展（局部2）

山水形成山延水接之势，自然天成，一气呵成。圆明园既有江南园林的委婉秀逸，又具有皇家园林的宏丽大气。

圆明园很注重借景西山，特别是雍正时所建的位于北部的四十景之一的"西峰秀色"，是胤禛最为欣赏之处。弘历称其"是地轩爽明敞，户对西山，皇考最爱居此""西窗正对西山启，遥接峣峰等尺咫"（《御制西峰秀色诗》）。不仅实借，还重虚借，如胤禛所言："若乃林光晴霁，池影澄清，净练不波，遥峰入镜，朝晖夕月，映碧涵虚，道妙自生。"

诗情画意，水木清华

中国山水风景中审美意象通过提炼，以四字景名予以概括的起自五代黄筌的《潇湘八景》（郭若虚《图画见闻志》），后北宋山水画家宋迪的"潇湘八景"则广为传播，（沈括《梦溪笔谈》）。以后，南宋时期"西湖十景"的影响度超过了潇湘八景，四字景名富有诗情画意的文化景象，对后世的风景园林创作产生了巨大的影响，其中以清代的避暑山庄和圆明园最为突出，也最为有名。避暑山庄是中国最早在大型园林中，以三十六景的四字景名，体现园林山水景象的诗情画意。胤禛与弘历效仿其皇考、皇祖，在圆明园中也以四字景名来概括、提炼园中景象。

圆明园 100 多个集群景点中，类型很多，有的属于前朝后寝的，有的是神佛护佑的，有的是读书品茗的，有的是风雅赏景的，还有观稼农事的。这些类型的景点统一以四字命名，这样不论哪种，都赋予了诗情画意的意境，四十景恰好形象地表达了整个圆明园的诗意栖居。

圆明园庞大的建筑体系有 100 多个单元，这些楼馆厅堂、亭廊轩榭，通过不同大小的空间组合，掩映在岗阜水际之间，显得十分和谐自然。《圆明园四十景图》清楚地描绘出每个景都有山体林树作背景遮掩，尽管山的体量有些夸张，但从平面图上可以看到山体的布局。圆明园尚存的遗址中还有一部分显现着当年的山形水系。

　　建筑和山水、植物是山水园林的一个整体组合，圆明园建筑总面积20万平方米，按全园350公顷占地面积计算，建筑占地不到6%。按单个景点计算，很多景点建筑占地10%左右，即使是正大光明景区，占地10万平方米，建筑7000平方米，只占7%。澡身浴德占地3万平方米，建筑面积1500平方米，占5%；曲院风荷占地5万平方米，建筑面积1450平方米，只占3.5%，这个比例已符合当代公园的要求，说明圆明园山水面积所占比例很大，突出了自然山水的构架，因此布局疏朗开畅。雍正时期提出"法皇考之节俭"，尽管此言有些粉饰，但建筑的装修、色彩、形制还是符合离宫要求，比较素雅、朴素，体现了山水园林自然逸致，富有诗情画意和水木清华的意向。综观中国园林艺术的发展史，圆明园和避暑山庄都达到了园林艺术的高峰。

迁想妙得，百景之园

　　圆明园是中国传统皇家园林"集景式"结构，园中有园，园园相扣。它的景观丰富度是前无古人的。清宫廷画师、法国传教士王致诚称其为"万园之园，无上之园"。它的最大特点就是把中国的许多名园胜景"移天缩地"（王闿运《圆明园词》《圆明园资料集》），作为圆明园一些景点的主题。如西湖十景，武陵春色取桃花源，如园仿南京瞻园，狮子园仿苏州黄氏涉园（即狮子林），小有天园仿西湖小有天园，等等。不过这些名园的仿建不是简单的模仿，是用其"名"取其"意"，而非取其"实"，是神似而非形似，即顾恺之提出的"迁想妙得"。

主持圆明园修建的胤禛在位十三年，没有出巡过江南，此时已建的四十景之一"平湖秋月"，显然是凭臆想加以提炼而成，在具象上是有很大差距的。弘历尽管六下江南，但他起名四十景时是 1744 年，而第一次下江南是 1751 年，命宫廷画师董邦达画西湖十景图在 1750 年。圆明园中的"西湖十景"显然也不是按实景模仿，也是用其"名"取其"意"。即使在下江南后，其模仿的景象也不是简单的模仿。园林的简单按比例缩景是工艺品，不是艺术。从康熙到乾隆，几位帝皇都有着统掌中国、君临天下的宏图大略，圆明园（包括避暑山庄）的布局和取名，都是他们臆想掌管中的中国美景。

幻想艺术的典范

1861 年 11 月 25 日，法国作家雨果在《致巴特勒上尉的信》中痛斥英法联军劫烧圆明园的强盗野蛮行径，对圆明园的艺术成就和文化宝藏极力推颂，称圆明园是东方幻想艺术的典范和"世界奇迹"。"一个几乎是超人的民族想象力所能产生的成就尽在于此。……如果幻想能有一个典范的话……某种恍若月宫的建筑，这就是圆明园"。尽管雨果没有亲眼看过圆明园，但在圆明园焚毁一年后，他一定见过侵略者或传教士带回法国的图画或文字资料。

圆明园的艺术确实充满着幻想，是浪漫主义的杰作，为生活在其中的帝皇们创造了一个充满诗情画意的梦幻空间，所以从雍正到咸丰五朝皇帝都长期生活和工作在园中，驻园的时间甚至超过故宫。其中，雍正帝年均驻园 210 天；乾隆帝年均驻园 126 天（故宫年均居 110 天）；嘉庆帝年均 162 天（故宫居 135 天）；道光帝年均驻园达 260 天（故宫居住不足 91 天）；咸丰帝在 1860 年出逃避暑山庄前驻园 7 年，年均也达 216.6 天。圆明园的美景是他们长期驻园的关键因素。

圆明园是离宫，一般官员很难进入园中，所以关于园中景象留下的文字不多。但当年的宫廷西洋画师王致诚、蒋友仁等在园中工作逗留，所以他们的纪事书札真实地记录了这座梦幻之宫的惊人魅力："西园建屋取其雄厚高大，尤重整齐划一。……独此郊外之别业，则抛弃整一之常虑焉。盖其所营，欲备天然野趣，而得幽隐之变，……故小规模之殿宇，散布园中，远近相间，为数甚多，而无一雷同之处。……身入其中者，莫不情为之移乎。正因其错杂不齐，益见匠心独运。且物品之精，结构之妙，须逐一细意视察方能得之。""神仙宫阙之忽现于奇山异谷间，或岭脊之上，恍惚似之，无怪乎其园名圆明园。盖言万园之园，无上之园。其园林与欧洲迥异，亭苑景色层出不穷，更新迭异，人游其中，曾无厌倦之时"。

圆明园面积大，景象丰富，如一人游园，需多日方能游完，且无法领略和品赏晨昏夕照，风岚雨雪一日、一年的变化。

雨果称圆明园"岁月创造的一切都是属于人类的"，"宛如在欧洲文明的地平线上瞥见的亚洲文明的剪影"，却是诚如其言。

畅春园

中国清代康熙皇帝建成的一座避喧理政的离宫御苑，建于

1684～1687年。位于北京市海淀区，占地面积约566400平方米。现仅存恩佑寺和恩慕寺的山门。

◆ 沿革

畅春园的基址是中国明代武清侯李伟的私家园林清华园，当时为都城名园。明末清初，清华园逐渐衰落。康熙二十二年（1683），显亲王将该园献给康熙皇帝，次年遂正式开始营建新园，至康熙二十六年基本建成。雍正即位后，在清溪书屋旁修建恩佑寺，寺中供奉康熙帝御容，畅春园还成为皇子读书学习的地方。乾隆（1736～1796）年间，畅春园成为孝圣宪皇太后晚年的主要居住地。嘉庆（1796～1820）年间，畅春园闲置，道光（1821～1850）以后逐渐走向衰落。咸丰十年（1860），畅春园遭到英法联军的焚烧。光绪二十六年（1900），八国联军占领北京后，畅春园再次遭到洗劫，成为废园。现仅存恩佑寺和恩慕寺的山门，在北京大学西门西侧。

恩慕寺山门

畅春园作为清代离宫御苑，兼具避暑居园和避喧理政的功能。康熙皇帝自康熙二十六年首次驻跸畅春园，每年都在畅春园处理朝政、接见朝臣、任命官吏，还在这里阅试武举、赐宴王公大臣、接见外国使节和举办千叟宴等。乾隆时期，畅春园主要用作皇太后颐养天年的场所。

◆ **布局**

《钦定日下旧闻考》卷七十六《国朝苑囿》对畅春园的位置、大小、历史以及园内宫门、九经三事殿、延爽楼、丁香堤、芝兰堤、澹宁居、恩佑寺、买卖街、菜园、稻田、西花园等有较为详细的记载："畅春园在南海淀大河庄之北，缭垣一千六十丈有奇。畅春园本前明戚畹武清侯李伟别墅，圣祖仁皇帝因故址改建。畅春园宫门五楹，门外东西朝房各五楹，小河环绕宫门，东西两旁为角门，东西随墙门二，中为九经三事殿……"又如"恩佑寺建于苑之东垣内，山门东向，外临通衢，门内跨石桥，正殿五楹，南北配殿各三楹……"再如"无逸斋北角门外近西垣一带，南为菜园数十亩，北则稻田数顷……"从这些记载中可了解畅春园的园林布局、面积、功能等。

畅春园南北长近 1000 米，东西宽近 600 米，形状近长方形，是以水景为主的皇家园林。中心为前湖和后湖，丁香堤、芝兰堤和桃花堤蜿蜒于湖面，连接园内交通，加上环绕园内外的河流水系，形成北国水乡的景观。前湖堆置大岛，建有瑞景轩、林香山翠、延爽楼等建筑物，其中延爽楼为三层九楹楼阁，是园中的制高点。后湖岛上建蕊珠院，临湖有疏峰、太朴轩等，与周围山石植物相映衬，环境清雅。

园中主建筑为九经三事殿，位于南端大宫门后，是康熙帝上朝理政之所，与后院的"万树红霞"殿、"嘉荫"殿、"积芳"亭、"鸢飞鱼跃"亭等组成南部轴线上的理政区。东路主要有澹宁居、渊鉴斋、佩文斋、清溪书屋等建筑。澹宁居离九经三事殿较近，是康熙帝日常理政的场所。渊鉴斋和佩文斋位于中部，用于研习古籍和编纂书籍。清溪书屋位于园东北角，周围土山环抱，前临清溪、后望小湖，种植有樱桃、竹子等植物，环境清幽，是康熙皇帝居住之所。畅春园西路主要有无逸斋、关帝庙、纯约堂、观澜榭等，无逸斋位于园西南角，环境优雅，是皇子居住读书之所。此外，沿西路墙垣内南有菜园数十亩，北有稻田数顷，可观稼验农。

整体上看，畅春园中路偏南为规则式的理政区，后部为自然的湖区；东路为康熙帝的起居、读书之所；西路主要为游赏、观农之所。除了九经三事殿区域布局规整外，其他区域均为自然式布置，风格简约疏朗，体现离宫御苑的居园理政功能，涵盖了上朝理政、阅武演兵、读书、起居、观稼、游赏和宗教等皇家生活的各方面。船坞位于园西南部河岸边，方便乘船出行和游赏。买卖街与其相邻，可体验市井生活。龙王庙、府君庙、关帝庙、娘娘庙等宗教建筑散布园中，满足皇家的不同宗教信仰需求。乾隆时期，园南部的春晖堂、寿萱春永殿改为皇太后的主要居所。

静宜园

清行宫御苑。位于北京市西北郊香山。占地面积约 153 公顷。

香山为北京西山山系的一部分，其主峰香炉峰俗称"鬼见愁"，海拔 557 米。南北侧岭的山势自西向东延伸递减，成环抱之势，景界开阔，可以俯瞰东面的平原。

金大定二十六年（1186）建香山寺，明代又有许多佛寺建成，但仍以香山寺最为宏丽，香山因此而成为北京西北郊的一处风景名胜区。清康熙（1662～1722）年间，就在香山寺及其附近建成"香山行宫"。

乾隆十年（1745）加以扩建，翌年竣工，改名"静宜园"。静宜园以自然景观为主，具有浓郁的山林野趣，包括内垣、外垣、别垣三部分。园内大小建筑群共50余处，经乾隆皇帝命名题署的有二十八景。

清代北京《西山名胜全图》之香山静宜园

内垣接近山麓，为园内主要建筑荟萃之地，各种类型的建筑物如宫殿、梵刹、厅堂、轩榭、园林庭院等依山就势，是天然风景的点缀。外垣是静宜园的高山区，建筑物很少，以山林景观为主调，地势开阔而高峻，可对园内外的景色一览无遗。外垣的"西山晴雪"为燕京八景之一。别垣内有见心斋和昭庙两处较大的建筑群。园中之园见心斋始建于明嘉靖（1522～1566）年间，庭院内以曲廊环抱半圆形水池，池西有三开间的轩榭。斋后山石嶙峋，厅堂依山而建，松柏交翠，环境幽雅。昭庙是一所大型佛寺，全名"宗镜大昭之庙"，清乾隆四十五年（1780）为纪念班禅六世来京朝觐而修建，兼有汉族和藏族的建筑风格。庙后矗立着一座造型秀美、

见心斋

色彩华丽的七层琉璃砖塔。

清咸丰十年（1860）和
光绪二十六年（1900），静
宜园两次遭受外国侵略军的
焚掠、破坏，原有的建筑物
除见心斋和昭庙外，都已荡
然无存，但其山石泉水、奇

琉璃砖塔

松古树所构成的自然景观仍美不胜收，春夏之际，林木蓊郁，群芳怒放，
泉流潺潺；秋高气爽之时，满山红叶，层林尽染，尤为引人入胜。

静明园

中国清康熙皇帝（1661～1722 年在位）建立的皇家园林，乾隆
（1736～1795 年在位）时期达到盛期。位于北京市西郊玉泉山。

◆ 沿革

静明园所在地玉泉山相对高度约 50 米，南北长约 1300 米，东西宽
约 450 米，因山下泉水而闻名，泉出石罅，潴而为池，莹澈甘洁。"玉
泉垂虹"在金代（1115～1234）为燕京（今北京）八景之一，清代乾
隆帝改为"玉泉趵突"，并御封玉泉为"天下第一泉"。由于玉泉山山
水风景优美，辽开泰二年（1013），辽圣宗耶律隆绪在此建玉泉山行
宫，成为北京西郊最早的皇家园林。金章宗完颜璟在玉泉山南坡建造行
宫"芙蓉殿"，又称玉泉行宫，并多次到此避暑、游幸、狩猎。元文宗
图帖睦尔至顺三年（1332），在玉泉山脚下建成大承天护圣寺。明正统

（1436～1449）年间，明英宗在玉泉山南坡敕建上华严寺和下华严寺，但在嘉靖二十九年（1550）被焚毁。清康熙十九年（1680）在原有行宫和寺庙的基址上进行园林建设，并定名为澄心园，康熙三十一年更名为静明园。乾隆十五年（1750）对静明园进行了大规模的扩建，将玉泉山及山麓的河湖地段全部圈入宫墙之内。乾隆十七年，建竹垆山房、翠云堂、华滋馆等。乾隆十八年再次扩建，并命名"静明园十六景"，即廓然大公、竹垆山房、玉泉趵突、圣因综绘、绣壁诗态、溪田课耕、清凉禅窟、采香云径、峡雪琴音、玉峰塔影、风篁清听、镜影涵虚、裂帛湖光、云外钟声、碧云深处、翠云嘉荫。此后，陆续建成东岳庙、界湖楼、香严寺、仁育宫、定光塔、影湖楼。乾隆二十四年，静明园全部建成。嘉庆（1796～1820）时期，基本保持着乾隆时期的格局。咸丰十年（1860），静明园遭到英法侵略军焚掠，园内建筑物大部被毁，此后一直处于半荒废状态。光绪（1875～1908）时曾部分修复。辛亥革命后，曾作为公园向群众开放。园内山形、水系和建筑，或劫后幸存，或经后期修复，大部分尚存。

◆ 布局

《钦定日下旧闻考》卷八十五《国朝苑囿》对静明园的位置、宫门及廓然大公、玉泉趵突、竹垆山房、圣因综绘、绣壁诗态、采香云径、峡雪琴音、玉峰塔影、风篁清听等十六景有较为详细的记载："静明园在玉泉山之阳，……山麓旧传有金章宗芙蓉殿，址无考，惟华严、吕公诸洞尚存。康熙年间建是园，我皇上几余临憩，略加修葺。园内景凡十六，静明园宫门五楹，南向。门外东西朝房各三楹，左右罩门二，前为高水湖……宫门内为廊然大公，正殿七楹，东西配殿各五楹。廊然大公为十六景之一，后宇额曰涵万象，皆御题……风篁清听之西，度桥而南，为池，池东为延绿厅，池西为漱远绿，为试墨泉，又西为镜影涵虚，南为分监曲，又南为写琴廊，为观音阁……"从记载中能看出静明园较为详细的园林布局和特征。

　　静明园在乾隆时期达到鼎盛，面积约 65 万平方米，以天然山景为主，小型水景为辅，主要分为宫廷区和园林区，依山面水进行营造，成负阴抱阳之势。宫廷区呈轴线布置，正殿"廊然大公"为七开间，后殿"涵万象"为五开间，面北有月台临玉泉湖，湖中央大岛上有"芙蓉晴照"，四合院的正厅名"乐景阁"，两层五开间，是皇帝读书和观赏湖景之所。宫廷区以外为园林区，沿玉泉山东、南、西三面山麓，布列宝珠湖、镜影湖、裂帛湖、玉泉湖、含漪湖等水体，并以水道相连。南部景区的中心为玉泉湖，南北长约 200 米，东西宽约 150 米，近似方形，湖中沿袭"一池三山"的传统格局布置三岛。香岩寺建于南山主峰顶，后院为七层八面的琉璃砖塔"玉峰塔"，是静明园的制高点，从园内外随处都能看到"玉峰塔影"之景，尤其是清漪园（颐和园）的重要借景。东部景区的重点在镜影湖，南北长 220 米，东西最宽处 90 米，呈狭长形，沿湖以建筑环列而构成一座水景园，其主体建筑是湖北岸的"风篁清听"，为两层楼五开间。西部景区建置了道观、佛寺和小园林建筑群，道观"东岳庙"居中，东岳庙南紧邻的佛寺为圣缘寺，东岳庙之北紧邻小型的寺庙园林"清凉禅窟"，其北面为含漪湖，北岸临水建含漪斋，斋前设游船码头。山上众多的佛教和道教建筑显示出乾隆的宗教崇拜，同时也较好地点缀了山地景观。

颐和园

中国清代皇家园林，"三山五园"之一。位于北京市西北郊。始建于清乾隆十五年（1750），历时十五年建成。占地面积 300.9 公顷。旧称清漪园。颐和园由万寿山、昆明湖组成，水面约占四分之三，是"三山五园"中最后兴建的一座行宫苑囿。

◆ 沿革

清咸丰十年（1860），英法联军侵入北京，清漪园与圆明园等均遭到侵略军的焚劫，成为废墟。光绪十二年（1886），在兴办海军学堂的名义下，开始了对清漪园的复建工程，两年之后发布上谕，以为祝贺慈禧六十岁生日和修建养老场所的名义，对外宣布重建清漪园，并改名颐和园。工程用款主要挪用海军经费，并由海军衙门督造。历时近十年，光绪二十一年竣工。

光绪二十六年，八国联军侵入北京，慈禧太后和光绪皇帝出走西安。颐和园被日、俄、英、意侵略军占驻，园内陈设被抢掠一空，建筑被严重毁坏，光绪二十八年再次兴工修复。

1911 年辛亥革命后，中华民国政府在《优待清室条例》中规定，颐和园仍为逊清皇室所有，溥仪"暂居宫禁，日后移居颐和园"，颐和园仍由清室内务府管理。1914 年以"于开放游览之中，寓存筹款之意"为名，由步军统领衙门主持，颐和园对社会售票开放。1924 年溥仪被逐出故宫，颐和园为中华民国政府接管，正式作为公园开放。

1948 年 12 月，颐和园所在地区早于北平城获得解放，和平解放北平的谈判曾在颐和园内景福阁进行。1949 年 4 月 29 日，毛泽东在《和柳亚子先生》七律诗中写下了"莫道昆明池水浅，观鱼胜过富春江"的名句，赋予昆明湖全新的含义。同年10月1日后，在周恩来总理倡导下，各大军区军管会积极响应、支援颐和园园林古建保护维修急需的经费和包括桐油、金箔，以及建筑脚手架数以千计的杉篙等物资。颐和园经保护维修后在中华人民共和国成立十周年之际旧貌换新颜，恢复了金碧辉煌的气势，从此开启了从未间断过的颐和园园林古建修缮工程。1961年，颐和园被列为第一批全国重点文物保护单位。

改革开放后，进行了昆明湖250年来的首次清淤工程，稍后又进行了万寿山绿化改造工程。还对后山、西区部分清漪园遗址有选择地整治恢复，先后复建开放四大部洲、苏州街宫市、景明楼、澹宁堂、耕织图等景区景点，对疏解万寿山前山游览客流起到了积极作用，对历史名园保护有着启示性的影响。

1998年，颐和园被列入《世界遗产名录》，成为人类的共同遗产。

◆ 布局

按其历史功能，颐和园可分为政治活动、生活居住与游览3个区域。

政治活动区

位于东宫门内外。以仁寿殿、南北配殿及仁寿门所形成的庭院为主体，仁寿门外分列南北九卿房，又称内朝房，供王公大臣等候召见。东宫门外对称四座外朝房供大门侍卫、乾清门侍卫、散秩大臣和銮仪卫候差当值，这种格局是宫苑礼制的外朝规制。

清漪园时，仁寿殿称勤政殿，是清代皇家园林皆要设置的殿座，用于皇帝驻园期间处理朝政。颐和园因为太后修建，改名仁寿殿，慈禧太后、光绪帝接见大臣与外国使节及其夫人，多于仁寿殿内安排。逢慈禧、光绪生日，万寿筵宴亦多在此举行，帝后宴席设于殿内，王公大臣的宴桌布置在庭院之中。

生活居住区

为颐和园中内寝部分，位于仁寿殿后西部，中间有一座长达30多米、高可达4～5米的土石假山障隔，南临昆明湖，由玉澜堂、宜芸馆、乐寿堂三座四合院式殿堂组成。玉澜堂、宜芸馆两院前后相续，是光绪皇帝和隆裕皇后的寝宫。慈禧居住的乐寿堂为两进院落。五间水木自亲门殿前设有码头，专供慈禧水路入住、游湖使用。正殿乐寿堂面阔五间，前厅后厦，平面作十字形，面积598.6平方米。长8米、高4米的太湖石、青芝岫（俗称败家石）屏障于门殿与正殿之间。庭院花木扶疏，以玉兰、海棠间植，寓玉堂富贵之意；又正殿门前对称放置铜鹿、铜鹤、铜瓶，寓"六合太平"之意。

乐寿堂后院为一排九间后罩殿，为慈禧存放衣物之所。后院西廊屏门外即为慈禧寝宫附属之小园，有池山之胜。扬仁风为一平面作扇面形的亭殿，俗称扇面殿，踞于山顶正中。小园西侧假山，设有旱桥一座，通往养云轩庭院。

养云轩是英法联军火烧清漪园时幸存的建筑，现院内牌匾仍为乾隆书写原物。面对长廊的钟式门座两侧乾隆书写的对联石刻亦保存完好。

游览区

占全园总面积的百分之九十，由万寿山前山、昆明湖，后山、后溪河及西部团城湖、藻鉴堂、西湖组成，三个湖面各有一岛屿，总体呈一池三山的布局，取意海上蓬莱、方丈、瀛洲三座仙山。这种造园布局最早出现在汉代建章宫内的太液池中，为后世帝王所效仿。

万寿山前山，以高近 40 米、八面四重檐的佛香阁为中心，以慈禧祝寿场所排云殿及其四座配殿为主体。自昆明湖边的云辉玉宇牌楼、排云门、金水桥、二宫门、排云殿、德辉殿，直至佛香阁后的琉璃牌楼、山顶的智慧海琉璃阁，九个层次层层上升，从水边一直到山顶，构成一条垂直上升的中轴线，两侧用变化多样的复道回廊相沟通连接，呈现出一派黄瓦覆顶、金色灿烂的宏丽气势。

在中轴线的左右两侧，对称建有高达 10 米的"万寿山昆明湖"石碑和用 207 吨铜铸成的宝云阁金殿。沿万寿山山脚、昆明湖岸边，是一条长达 728 米的彩绘长廊，东起邀月门，西止石丈亭，中穿排云门，将前山建筑圈廓成一个整体。长廊中嵌留佳、寄澜、秋水、清遥四座六角重檐亭，象征四季，并东西接出短廊伸向水边。临水建有对鸥舫、鱼藻轩两座轩榭，与云辉玉宇牌楼左右呼应。

在万寿山前山中轴线两侧山上山下，还分布着许多功能建筑，如无尽意轩、国花台、介寿堂、清华轩、云松巢、邵窝殿、写秋轩等。其中最为突出的有东部山顶的景福阁和西部山上的画中游，景福阁、画中游又依山而下，形成两条轴线，使中轴更为突出。景福阁正对德和园，画中游山下即为听鹂馆。德和园、听鹂馆各有一座戏楼，为帝后听戏场所。

德和园位于仁寿殿北侧，西接生活居住区，内建三层大戏楼和看戏殿、颐乐殿与两侧看戏廊。大戏楼高达 21 米，始建于 1891 年，耗银71 万两，仅次于佛香阁，是中国数千年皇家宫苑建筑中最后兴建的一座宏大的地标性建筑，有"京剧的摇篮"之喻。

昆明湖中的南湖岛位于离北岸700米的水中，岛上北侧筑有土石假山，山顶建有涵虚堂；南部建有龙王庙和由云香阁、月波楼、澹会轩、鉴远堂组成的庭院，花木扶疏，并设有膳房酪膳房，自成格局。南岛似海市蜃楼，有蓬莱岛之称。环岛雕栏圈护，东接长达150米的十七孔桥与东堤相连通。桥头建有一座堪称中国最大的重檐八角亭——廓如亭，与万寿山上的佛香阁遥相呼应。

东堤南起如意门，北止文昌阁，为一道石造长堤，是昆明湖的东界。堤上有铸造于乾隆年间的镇水铜牛，栩栩如生，守望湖山。

昆明湖上的一线西堤是昆明湖模仿杭州西湖的点睛之笔。堤上建有六座不同形式的桥梁，其中尤以玉带桥享名于世。堤上偏南还建有一主两配组成的景明楼，谱写出长堤水天光影节律，丰富了长堤的立面风情，加以间植桃柳，与园外西山群峰相嵌合，每至春回，呈现出一幅金碧辉映、骀荡春风的工笔长卷，远近交响，浑然一气，极大地拓展了园内外的景观视野。

在昆明湖折入后湖的瓶颈水面，分布有石舫、荇桥、大船坞。水中小岛上建有五圣祠、澄怀阁、迎旭楼等。其中，石舫名为清晏舫，舱楼仿自洋式游船，是园内知名度较高的景点。

万寿山后山后溪河与前山前湖景色迥异，以清宁幽静取胜。后山山腰以一条中御路取山势贯穿东西，沿路古松古柏千姿百态，山脚溪河婉转，沿岸垂柳山花相杂，临水堆叠假山，营造江河意境，并于北岸堆造土山，遍植松柏，遮挡园墙和园外通衢噪声，使园内山水情景更加谧静。

后山建筑群主体起于北宫门，入门经山道，过后溪河上三孔拱桥，升入由三座牌楼围合的松堂，再上至须弥灵境大雄宝殿遗址，遗址后侧上方即为仿自西藏桑鸢寺的四大部洲。这组建筑由香岩宗印之阁大殿、日台、月台、四大部洲、八小部洲，以及四座色彩各异的梵塔构成。除大殿外，其他18座建筑均为藏式寺庙风貌。三孔桥下左右水面石砌曲折两岸，列置60多座店铺，即为苏州街宫市。这种以庙带市组合所形成的景观，浓缩了雪域高原与江南水乡，风情别具。加之殿角塔端的檐铃铁马，迎风叮当作响，与宫市水街船橹之声相应，恍若仙境。

后山建筑主体东西两侧，现仍存多处清漪园建筑遗址和乾隆御笔摩崖石刻碑刻。其中，多宝琉璃塔高达16米，金顶华盖，矗立在后山东部的花承阁遗址上。西部会云寺规制尚属完整，内供铜佛是明代所铸造。

谐趣园位于中御路东端，万寿山东麓，为乾隆皇帝乾隆十六年（1751）第一次南巡时，绘图仿建自无锡寄畅园，原名惠山园，嘉庆时改用今名，为清代皇家园林仿建众多江南私园中唯一至今原本与仿建并存的园中之园。山池廊榭宛若南国风情，现于北侧霁清轩毗邻开放。

颐和园是在清漪园遗址上复建而成，全园保持了原有的山形水系、绿化造景和园林建筑的基本布局，与三山五园中的其他四园不同。乾隆兴建清漪园时，为一次性规划，十五年不间断施工，以万寿山昆明湖为基础，用高阁长廊、长堤长桥等大尺度建筑，统率全园。将西山群峰与玉泉山塔影借景园内，天然图画，兼具北方山川雄浑宏阔的气势和江南水乡婉约清丽的风韵；并蓄帝王宫室的富丽堂皇和民间宅居的精巧别致，气象万千而又和谐协同，诚为中国造园艺术集大成的瑰宝。

◆ 植物造景

颐和园植物造景以松柏为主干，搭配落叶乔木，万寿山四时常青、常绿、常新。庭院、湖岸、堤岛、山路，以乔、灌花木彩叶配植，舒华布实，万紫千红。现园中入级古树名木有 1600 多株，是这座历史名园的重要标志。对古树名木的养护与复壮、保持原有配植寓意是实践研究的专项课题。

◆ 园林古建

颐和园现存园林古建 3000 多间，约 70000 平方米。颐和园是以传统规划设计陈序，传统建筑材料、工艺流程及传统匠作组织所建成的最后一座具有里程碑意义的建筑群。其建筑形式几乎涵盖中国古建筑中的所有门类，并保存有施工期间五天一报工程进度的《工程清单》档案，是中国建筑史、园林史的重要实物和珍贵文献。

颐和园藏有自商周至清末的文物近 40000 件，为原园中殿堂内外陈设，是颐和园价值的重要组成部分，也是中国皇家收藏所聚集的最后一个群落，弥足珍贵。园藏文物使园中仁寿殿、排云殿及四座配殿、乐寿堂、玉澜堂、宜芸馆、颐乐殿能以原状陈列展示。2000 年，还建成文昌院文物陈列馆，轮换陈展园藏文物精品。并在国内外举办专题展览，解读中国历史名园的文化艺术价值。

颐和园由万寿山、昆明湖所组成的山水架构，是在自然的基础上经过人工营造所呈现的景观极致。特别是昆明湖，作为古今城市供水的源头枢纽，体现了中国山水诗、山水画、山水城市、山水园林等山水文化的一个经典的人文杰作。

颐和园在中国近 3000 年封建社会皇家园林多已不存的历史背景下，仍涵有历代皇家园林的景观要素和传统审美情趣，进入当代社会，又能焕发时代风采、永续利用的活着的文化遗产，在国际社会对园林遗产的认知中享有独一无二的声誉。

三 海

中国现存历史悠久、规模宏大、布置精美的宫苑之一，北海、中海、南海的合称。位于北京市故宫和景山的西侧。旧称西苑。明清时期，北海与中海、南海因在皇宫之西，合称为西苑。北海于 1925 年被辟为北海公园，对外开放，中华人民共和国成立后曾拨巨资修葺，1961 年定为全国重点文物保护单位。

◆ 沿革

三海的历史可溯源到 10 世纪的辽代，当时被称为瑶屿，是辽南京城（今北京市）北郊的游乐之地。

金代

1153 年，金代以辽南京城为都城，称中都。金大定十九年（1179），在今北海所在地大兴土木，建造了许多精美的离宫别苑，先名大宁宫，后更名为万宁宫，建筑规模相当宏大。当时园林的布局情况大体是以琼华岛为中心，在岛上和海子周围修造宫苑，其位置相当于今北海和团城部分。据文献记载，金代经营琼华岛时缺少太湖石，特从汴京（今河南开封）拆取艮岳的太湖石来修筑。

元代

元代以金代的海子、琼华岛为中心建大都，于是这里便成了皇城中的禁苑，称为上苑。经过多年经营，到至正八年（1348），山赐名万寿山（又称万岁山），水赐名太液池。在仪天殿（今北海团城）的南面，太液池南部水中，有一小屿，名墀天台。整个太液池的位置大体相当于今北海和中海范围。

明代

明代在元代禁苑基础上进行了扩建，奠定了现在三海的规模。明朝初叶只是对广寒殿、清暑殿和琼华岛上的一些建筑稍加修葺。天顺（1457～1464）年间对西苑进行了较大规模的扩建，开辟南海，扩充了太液池的范围，完成三海的布局；填平了仪天殿与紫禁城之间的水面，砌筑了团城；在琼华岛上和太液池沿岸增添了许多新建筑物。

清代

清代对西苑又做了许多新建和改建。重要的营建有两次：①顺治八年（1651），拆除了琼华岛山顶的主体建筑广寒殿和四周的亭子，修建了巨型喇嘛塔和佛寺，并将万岁山改名为白塔山。②乾隆（1736～1795）年间，除了对北海琼华岛（白塔山）的大部分建筑物进行重修以外，扩展了北海东岸、北岸并营造了许多建筑。在明朝时期比较富于自然景色的南海南台（今瀛台）及中海东岸地区修建了宫殿楼阁和庭院幽谷。整个三海的格局和园林建筑主要是乾隆时期完成的。后来虽屡有修葺，只是个别地方有所增减。

◆ **布局**

自明代开辟了南海以后，三海就形成了纵贯皇城南北的袋状水域。以太液池上的两座石桥划分为3个水面，金鳌玉蝀桥以北为北海，蜈蚣桥以南为南海，两桥之间为中海。历史上三海和西苑两个名称一直并用，而中海和南海紧密相依，常合称为中南海。

三海总体布局继承了中国古代造园艺术的传统，水中布置岛屿，用桥堤同岸边相连，在岛上和沿岸布置建筑物和景点。全园占地面积166公顷，水面占一半以上，景观开阔。琼岛耸立于北，瀛台对峙于南，长桥卧波，状若垂虹。岛上山石和各种建筑物交相掩映，组成一个整体。许多景点高低错落，疏密相间，点缀其中。

北海

北海主要景物以白塔山为中心。琼华岛上布置了白塔、永安寺、庆霄楼、漪澜堂、阅古楼和许多假山、邃洞、回廊、曲径等建筑物，有清乾隆帝所题燕京八景之一的"琼岛春阴"碑石和模拟汉代建章宫设置的仙人承露铜像。北海东北岸有画舫斋、濠濮间、静心斋、天王殿、五龙亭、小西天等园中园和佛寺建筑，其南为屹立水滨的团城，城上葱郁的松柏丛中有一座规模宏大、造型精巧的承光殿。

中海

主要景物有紫光阁、蕉园和孤立水中的水云榭。水云榭原为元代太液池中的墀天台旧址，现在还存有清乾隆帝所题燕京八景之一的"太液秋风"碑石。

南海

主要景物有瀛台，台上为由一组殿阁亭台、假山廊榭所组成的水岛景区。重要的建筑物有翔鸾阁、涵元殿、香扆殿、藻韵楼、待月轩、迎薰亭等。瀛台东现有石桥通达岸边。此外，在中南海中还有丰泽园和静谷，是园中之园，尤以静谷湖石假山的堆叠手法高超。

◆ 艺术评价

自辽金以来，三海连绵不辍地经营，历史文献记载丰富，大多数尚有遗迹可寻。清代乾隆时的建筑、山石和园林布局，现在还基本保存完整（仅中南海有较多的改变），是其他宫苑以至私家园林所少见的。琼华岛金代的艮岳遗石、广寒殿里元代的巨大玉瓮、明代的团城，以及树龄 800 ～ 900 年的苍松翠柏等，是北京城发展史的可贵见证。三海的园林艺术继承了中国的传统造园技艺并有所发展和创新。园中有园、园内外借景等布局手法都有巧妙地应用。园中栽植的花草树木除翠柏青松之外，还有各种名花奇草，品类繁多。

故宫御花园

皇家园林故宫中轴线北端的花园。明代永乐十五年（1417）始建，十八年（1420）建成。旧称宫后苑。

清雍正（1723 ～ 1735）时起，称"御花园"。御花园正南有坤宁门同后三宫相连，左右分设琼苑东门、琼苑西门，可通东西六宫；北面是集福门、延和门、承光门围合的牌楼坊门和顺贞门，正对着紫禁城最北界的神武门。园墙内东西宽 135 米，南北深 89 米，占地面积 12015 平方米。园内建筑采取了中轴对称的布局。中路是以重檐盝顶、上安镏金宝瓶的钦安殿为主体建筑的院落。东西两路建筑基本对称，东路建筑有堆秀山御景亭、摛藻堂、浮碧亭、万春亭、绛雪轩；西路建筑有延辉阁、位育斋、澄瑞亭、千秋亭、养性斋，还有四神祠、井亭、鹿台等。这些建筑绝大多数为游憩观赏或敬神拜佛之用，唯有摛藻堂从乾隆

（1736～1795）时起，排贮《四库全书荟要》，供皇帝查阅。建筑多倚围墙，只以少数精美造型的亭台立于园中，空间舒广。园内遍植古柏老槐，罗列奇石玉座、金麟铜像、盆花桩景，增添了园内景象的变化，丰富了园景的层次。御花园地面用各色卵石镶拼成福、禄、寿象征性图案，丰富多彩。著名的堆秀山是宫中重阳节登高的地方，叠石独特，磴道盘曲，下有石雕蟠龙喷水，上筑御景亭，可眺望四周景色。

静心斋

北京北海公园最大的一处园中之园。始建于清乾隆二十一年（1756），乾隆二十三年竣工。占地面积 9308 平方米，建筑面积 1912.87 平方米。旧称镜清斋。

◆ 沿革

清光绪（1875～1908）年间"三海"工程中，镜清斋经过一次大规模的修缮，添建了叠翠楼等建筑，并更名为静心斋，形成今日规模。中华民国年间及中华人民共和国成立后的一段时间，静心斋一直被占用。1981 年收回大部，经修缮，于 1982 年 5 月 12 日正式向中外游人开放。1988 年，被占用的静心斋西院亦被收回，于 1991 年开放。

◆ 布局

静心斋是一处小中见大的自然山水园林艺术鉴赏处所，是南方私家园林与北方皇家园林相结合的典范之作，蕴含着极其丰富的中国传统造园艺术。静心斋的空间布局、叠石艺术及水景布置都极为出色，是清代皇家园林创作中园中园的代表作。

静心斋地势狭长，主要建筑有镜清斋、抱素书屋、韵琴斋、碧鲜亭、焙茶坞、罨画轩、沁泉廊、枕峦亭、叠翠楼等。该园以建筑分隔成为几个大小不同的院落空间与层次，每个空间都沿周边布置建筑，因地制宜，环环相套，层层进深，又互为因借，分隔之中有贯通，障抑之下有窥透。

山池部分居于中央，是园景之主。假山气势沉雄而兼宛转，主峰在西北，山峦自西向东延伸，余脉向东达罨画轩，在西南面空荡处耸立起"枕峦亭"所坐落的山峦，造成虚中有实的变化。北山向西向东蜿蜒而下，并以山石作成环状峭壁山，与南面较低的山峦相峙，形成沟、谷、壑、涡、岫、洞等艺术造型，峰峦峭壁与沟涧洞壑巧妙地结合为一体，使人犹如置身于深山峻岭，时而登临峰峦之巅，时而堕入幽谷之底。

在水景的布局上化整为散，把水池分成若干个，有源有流，曲折萦绕，以各院水池为中心，构成若干各有特色的小景区，水景小室融为一体。

谐趣园

中国古代皇家园林中的园中园。位于北京市颐和园万寿山东麓。旧称惠山园。

乾隆十六年（1751），清高宗弘历南巡，对于江南名园无锡惠山的寄畅园甚为喜爱，命人画图携归，因地制宜，仿建于清漪园内。惠山园有八景，分别是载时堂、墨妙轩、就云楼、澹碧斋、水乐亭、知鱼桥、寻诗迳、涵光洞。《日下旧闻考》卷八十四《国朝苑囿》中记载："怡春堂后城关迤北为惠山园。清漪园册。臣等谨按：惠山园规制仿寄畅园，建万寿山之东麓。有御制惠山园八景诗。惠山园门西向，门内池数亩，池东为载时堂，其北为墨妙轩。清漪园册。臣等谨按：墨妙轩内贮三希堂续摹石刻，廊壁间嵌墨妙轩法帖诸石。园池之西为就云楼，稍南为澹碧斋。池南折而东为水乐亭，为知鱼桥。就云楼之东为寻诗迳，迤侧为涵光洞，迤北为霁清轩，轩后有石峡其北即园之东北门。清漪园册。"从嘉庆十二年（1807）《惠山园等处陈设清册》中可知园中还有"佇芳殿、云漴殿、岑华室、月濑、澹碧敞厅"。嘉庆十六年改建惠山园，更名谐趣园。改建后谐趣园的主体建筑为涵远堂，嘉庆十六年单立《涵远堂陈设清册》。嘉庆十七年《谐趣园陈设清册》记载园内建筑有"澄爽斋、瞩新楼、云漴殿、湛清轩、知春堂、澹碧敞厅、水乐亭、洗秋"。从国家图书馆藏样式雷343-0666《清漪园地盘画样》（道光年间）可以看到宫门东侧有一间亭子和一座三间建筑。1860年，谐趣园被英法联军烧毁。同治十二年（1873）《三园现存坍塌殿宇空闲房间清册》中记载有"饮绿敞厅一座三间、影镜亭一座、水乐亭一座"。光绪十八年（1892）谐趣园重修，与现存的建筑格局相同，由宫门顺时针方向依次为澄爽斋、瞩新楼、涵远堂、兰亭、小有天、知春堂、知鱼桥、澹碧、饮绿、洗秋、引镜、知春亭。

谐趣园以万寿山和霁清轩山势为依托，引后溪河水经玉琴峡入园内，形成数亩池塘，以池塘为中心，沿池建有楼、亭、堂、斋、桥、榭等园林建筑，并以百间游廊连接建筑，错落相间，步步有景，组成一个完整的景观环线。谐趣园处于颐和园前山与后山后湖的相接之处，完美串联起了两个部分，园林骨架突出了山水林泉的自然情调。园内建筑丰富多样，主次分明，组合协调。惠山园时期建筑疏朗有致，与山水林泉等自然景观协调程度更高；谐趣园时期，建筑相对浓密，与山水大势的尺度关系发生改变，体现了清代造园风格的演变。

第3章

皇家名园中建筑类型

鹿　台

中国最早的一种园林建筑类型。位于河南省淇县城西十五里的太行山东麓，濒临淇水。占地面积约 10 万平方米。

鹿台和沙丘苑台同建于公元前 11 世纪的商纣王时代。鹿台原来是一个大的土堆遗址，饱经岁月沧桑。遗址被分割成 6 块台地，称陆（六）台、六鹿台。六鹿台中的 4 座在 20 世纪"农业学大寨"中被破坏，其中 2、6 号被夷为平地，3 号台仅存 667 平方米，4 号台幸存 2668 平方米，1、5 号台地保存尚好，作为古代鹿台遗址保护。遗址中出土了大量石斧、石镞、石镰、彩陶、鼎足、鬲腿，以及铜镜、铁钺等不同文化层的文物。鹿台于 2000 年被列为河南省重点文物保护单位。

殷纣王建鹿台，一是积藏财富，"厚赋税以实鹿台之钱"；二则取好王妃妲己，供其游猎、赏心，奢侈靡乐。开始命姜尚监工，姜尚不从，改由崇侯虎监工。据西汉刘向《新序·刺奢》载，建鹿台"七年而成，其大三里，高千尺，临望云雨"。其所谓"高千尺"是夸张之词，但说明其规模宏大，不仅是一座建筑而已。后周武王伐纣，战于牧野（今河南新乡），商兵大败，纣王逃至都城商邑（今河南淇县），自焚于鹿台。

周武王夺取商都后，"散鹿台之财，发钜桥之粟，以振贫弱萌隶"，抚慰了受纣王虐待的民众。

鹿台遗址

2015 年，河南省鹤壁市在鹿台遗址处建造占地 25.3 万平方米的朝歌文化公园，并采用仿商代"四阿重檐、茅茨土阶、泥墙木骨"的高台建筑形式，建造了高 38 米共五层的"鹿台阁"，建筑面积 2 万平方米，成为群众性、开放性的公共文化旅游场所。

沙丘苑台

中国最早的一种园林建筑类型。位于河北省邢台市广宗县大平台村南。与鹿台同建于公元前 11 世纪的商纣王时代，现遗址尚存，有一长 150 米、宽 70 米的沙丘。被列为河北省重点文物保护单位。

商代自盘庚传至末代帝辛（纣王）。纣王荒淫无度，奢侈靡乐，大兴土木,营建规模庞大的苑台,沙丘苑台和鹿台同为其营建的苑囿。《史记·殷本纪》:"(纣)厚赋税以实鹿台之钱,而盈钜桥之粟。益收狗马奇物,充仞宫室。益广沙丘苑台,多取野兽蜚鸟置其中。"汉董仲舒《春秋繁露·王道》亦载:"桀纣皆圣王之后,骄溢妄行。侈宫室,广苑囿。"此说明,沙丘苑台不仅是单体建筑的"台",而是一处以台为主,既有植物又有各种动物,供纣王玩乐、通神、望天等活动的苑囿场所。《史记·殷本纪》:"(纣)大冣乐戏于沙丘,以酒为池,县(悬)肉为林,使男女裸相逐其间,为长夜之饮。"这是"酒池肉林"成语的出典,也是周文王建灵台、灵沼、灵囿的前奏。

在沙丘苑台曾发生过一些历史事件。沙丘是战国时赵国属地,建有离宫。这里曾发生赵国君主父子兄弟相杀事件,父王赵武灵王曾被囚困饿死宫中,太子赵章被其弟赵文灵王所杀。秦始皇于公元前210年第5次出巡,于当年7月返京途中发病,客死于沙丘宫。三个时期帝皇的故事,使沙丘成为古人所称的"困龙之地"。以后,沙丘苑台逐渐荒芜衰败,只能留下遗迹供人凭吊。

路　寝

规格最高的大朝正殿,周代天子之正寝。又称大寝、正殿。

秦汉以来的宫殿大体沿中轴分为前、中、后三部分,首曰前殿,中曰路寝，后为宣室。路寝居轴线正中，是规格最高的大朝正殿，又称大寝，为周代天子之正寝。《周礼·天官·宫人》："掌王之六寝之脩。"郑玄注："六寝者，路寝一，小寝五。"《玉藻》谓："路寝以治事，小寝以时燕息焉。"汉代始用"正殿"代替"路寝"。不过在张衡《西京赋》中仍然用"正殿路寝，用朝群辟"之句表现西汉未央宫的宏伟气势，前者谓建筑，后者谓君臣同朝之气宇。汉未央宫中轴建筑群由低到高分别为"前殿""路寝"和最高规格又最具私密性的天子受厘之所——"宣室"殿。汉以后，多以"前殿"作为最主要的政务中心和大型典仪之所，"路寝"则位于其后，是用于小规模朝会的更高级别的殿堂，而"宣室"殿则是皇帝本人祭天和接见宗室国戚的最高等级的殿堂。

复 道

中国早期连接宫苑建筑的上下两层的通道。

秦六国宫主要建筑即以复道相联系。《史记·秦始皇本纪》："秦每破诸侯，写放其宫室，作之咸阳北阪上。南临渭，自雍门以东至泾、渭，殿屋复道周阁相属。"复道是秦汉以后的皇家园林重要的交通联系结构，尤其被用于多座皇家御园的相互联络。由于分上、下两层，帝王来往宫殿均用复道上层，不为外界所察觉，故能保证安全。后世历朝宫苑之间多设复道相连。如西汉建章宫复道，跨越汉长安城墙连接建章宫；

唐大明宫复道则直接设置在唐长安东城墙内侧，连接城北大明宫与城南风景区曲江池。

本书编著者名单

编著者 （按姓氏笔画排列）

王　欣　　王劲韬　　方咸孚　　田国行

朱　莹　　刘　晖　　刘　策　　刘　影

邹怡蕾　　汪菊渊　　张鹏飞　　陈方山

陈进勇　　罗哲文　　周维权　　赵　丽

施奠东　　秦　雷　　耿刘同　　郭喜东

黄　晓　　董芦笛　　惠兴茂　　鲍沁星